智库 中社
国家智库报告 2017（35）
National Think Tank
法治指数与法治国情

标准公开的现状与展望

——以政府主导制定的标准为样本

中国社会科学院 国家法治指数研究中心 著
法学研究所法治指数创新工程项目组

CURRENT SITUATION AND PROSPECT OF DISCLOSURE
OF STANDARDS: TAKING THE CURRENT SITUATION OF
GOVERNMENT-LED STANDARDS AS AN EXAMPLE

中国社会科学出版社

图书在版编目(CIP)数据

标准公开的现状与展望：以政府主导制定的标准为样本／中国社会科学院国家法治指数研究中心，中国社会科学院法学研究所法治指数创新工程项目组著. —北京：中国社会科学出版社，2017.10
（国家智库报告）
ISBN 978 - 7 - 5203 - 1299 - 8

Ⅰ. ①标… Ⅱ. ①中…②中… Ⅲ. ①标准化—工作—研究—中国 Ⅳ. ①G307.72

中国版本图书馆 CIP 数据核字（2017）第 262906 号

出 版 人	赵剑英
责任编辑	王 茵 马 明
责任校对	季 静
责任印制	李寡寡

出 版	中国社会科学出版社
社 址	北京鼓楼西大街甲 158 号
邮 编	100720
网 址	http://www.csspw.cn
发 行 部	010 - 84083685
门 市 部	010 - 84029450
经 销	新华书店及其他书店

印刷装订	北京君升印刷有限公司
版 次	2017 年 10 月第 1 版
印 次	2017 年 10 月第 1 次印刷

开 本	787×1092 1/16
印 张	9.5
插 页	2
字 数	110 千字
定 价	48.00 元

凡购买中国社会科学出版社图书，如有质量问题请与本社营销中心联系调换
电话：010 - 84083683

项目组负责人:

吕艳滨,中国社会科学院法学研究所法治国情调
　　　　查研究室主任、研究员

田　禾,中国社会科学院国家法治指数研究中心
　　　　主任、法学研究所研究员

项目组成员: 王小梅　栗燕杰　徐　斌

　　　　　　　刘雁鹏　胡昌明　王祎茗

　　　　　　　李　鹰　邓　华　赵千羚

　　　　　　　刘　迪　田纯才　王　洋

　　　　　　　王昱翰　葛　冰　冯迎迎

执　笔　人: 吕艳滨　王昱翰　葛　冰

　　　　　　　冯迎迎

摘要：政府主导制定的标准因其公共属性，应当免费向公众公开，为公众所用。在全面实施质量强国战略的背景下，推进政府主导制定的标准免费公开，是推动中国制造向中国创造转变、中国速度向中国质量转变、中国产品向中国品牌转变的必然选择，也是深化标准化工作改革的重要内容。近年来国家标准文本免费公开已稳步推进，行业标准、地方标准免费公开也已粗具规模。同时，标准公开工作仍存在亟待改进的一些问题。如对标准免费公开缺乏统一认识，部分与标准公开相关的法律法规等规范性文件已不合时宜，标准公开平台建设需进一步改进，标准公开内容需进一步完善，等等。随着政务公开工作的全面推进，政府主导制定的标准文本及相关信息的公开工作应同步推进，并通过法律法规层面的设计，廓清标准公开争议，促进国家标准、行业标准、地方标准有序免费公开。

关键词：政府主导制定的标准；免费公开；政务公开

Abstract: Because of their public nature, government – led standards should be made available to the public for their free use in the form of standard text. Against the background of the comprehensive implementation of the strategy of making China strong by improving product quality, promoting the free and open disclosure of government – led standards is an inevitable choice made by China in the process of transitions from "made in China" to "created in China", from "Chinese speed" to "Chinese quality", and from "Chinese products" to "Chinese brands", as well as an important content of the deepening of the reform of standardization work in China. In recent years, the free disclosure of texts of national standards has been forging ahead steadily, and the systems of free disclosure of industrial standards and local standards are also beginning to take shape. Meanwhile, there are still some problems in the current work of disclosure of standards that urgently need to be solved, such as the lack of a consensus on the free disclosure of standards, the outdated laws, regulations and norms on disclosure, the backward platform for disclosure, and the poor content of disclosure. China should synchronize the advancement of the disclosure of texts of government – led standards and related information with the comprehensive advancement of the openness of government affairs and, through the institutional design at the level of laws and regulations, settle the dispute over the disclosure of standards and promote the orderly and free disclosure of national standards, industrial standards and local standards.

Key Words: Government – Led Standards; Free Disclosure; Openness of Government Affairs

目　　录

导　　论

　　标准是农业、工业、服务业和社会事业等领域需要统一的技术和管理要求，是经济社会发展中使用范围最大、应用领域最广的一种社会管理和调节的工具。在经济全球化时代，标准已成为经济、科技、质量竞争的制高点。国务院印发的《中国制造2025》指出，制造业是国民经济的主体，是立国之本、兴国之器、强国之基，打造具有国际竞争力的制造业，是中国提升综合国力、保障国家安全、建设世界强国的必由之路，为了提升中国制造水平，《中国制造2025》要求加强标准体系建设，推动关键技术与标准的开放共享。实现这一目标，就必须免费公开标准文本让社会公众自由获取，唯有如此才能实现共享标准、发挥标准支撑引领作用的目标。可以说，推动标准的免费公开是深化标准化改革的题中之义，也是实现中国制造伟大蓝图的重要方面。

在中国，标准分为政府主导制定的标准及市场主体自主制定的标准。政府主导制定的标准包括国家标准、行业标准、地方标准，市场主体自主制定的标准包括企业标准与团体标准。从广义的角度讲，标准的公开不仅包含标准文本的全文公开，还包括与标准文本相关的标准制修订等信息的公开。

以往，政府主导制定的标准的公开途径主要是由专门的出版社出版发行，公众须采取购买出版物的方式获取标准文本，这在过去为推广标准、提升标准化水平发挥了积极的作用。但随着时代的发展，信息传播越来越快速便捷，公众对快速、免费获取标准文本等信息的要求越来越高，依靠出版发行的方式公开标准文本越来越难以适应信息化时代发展的形势。2015 年 3 月，国务院印发《深化标准化工作改革方案》，标准化工作进入了深化改革期。2017 年 9 月 5 日起《中华人民共和国标准化法》（以下简称《标准化法》）（修订草案）（二次审议稿）向社会公开征求意见，其中指出强制性标准文本应当免费向社会公开，国家推动免费向社会公开推荐性标准文本。如何最大限度地公开和分享标准，如何规范、优化标准公开的方式，关乎标准化改革是否能顺利开展，也成为提升中国制造实力需要面对的重要问题之一。

　　因此，研究总结标准公开工作的成效，分析其存在的问题及面临的困难，为做好标准化建设的顶层设计提供对策参考十分必要。为此，中国社会科学院国家法治指数研究中心、中国社会科学院法学研究所法治指数创新工程项目组（以下简称课题组）以政府主导制定的标准为对象，在梳理已有的标准公开实践经验的基础上，对国家标准、行业标准、地方标准的公开现状进行调研，并对改进标准公开工作提出了对策建议。

一 标准公开的背景与意义

（一）时代背景：全面实施质量强国战略

质量是产业和企业核心竞争力的集中体现；标准是确保和提升质量技术的基础，可为确保质量提供准绳，是生产产品、检验产品质量的依据。掌握了标准就可以掌握整个行业和产业的发展主动权。全面实施质量强国战略，就需要建立高水平的标准体系，以高标准引领高质量。

全面实施质量强国战略为标准公开工作的深入开展提供了广阔的时代背景。党的十八大以来，党中央、国务院把质量提到了前所未有的战略高度，明确要求以提高发展质量和效益为中心，全面提升质量水平，为实现"两个一百年"奋斗目标奠定质量基础。2014 年 5 月，习近平总书记在河南考察时指出，要推动中国制造向中国创造转变、中国速度向中国质量转变、中国产品向中国品牌转变。2015

年3月，国务院常务会议审议通过《中国制造2025》，指出要坚持把质量作为建设制造强国的生命线，建设法规标准体系、质量监管体系、先进质量文化，营造诚信经营的市场环境，走以质取胜的发展道路。中共中央、国务院2017年9月5日印发的《关于开展质量提升行动的指导意见》是党中央、国务院首次出台的以贯彻质量强国战略决策部署、开展质量行动为主题的纲领性文件，其中明确指出，破除质量提升瓶颈，实施质量攻关工程，应加快标准提档升级，健全产品、工程、服务、环境质量标准体系，促进以标准为主的国家质量基础设施系统完整、高效运行。中国共产党第十九次全国代表大会报告也指出，加快建设制造强国，加快发展先进制造业，推动互联网、大数据、人工智能和实体经济深度融合，在中高端消费、创新引领、绿色低碳、共享经济、现代供应链、人力资本服务等领域培育新增长点、形成新动能；支持传统产业优化升级，加快发展现代服务业，瞄准国际标准提高水平。

全面实施质量强国战略离不开标准化战略的积极推进。两者如鸟之两翼、车之两轮，只有同时驱动，才能推动国家产业升级。为确保质量强国战略运转顺利，需要充分发挥实施标准化战略对质量工作的支撑作用。《国家中长期科学和技术发展规划纲要（2006—2020 年）》明确把实施技术标准战略作为中国科技发展的两大战略之一；《关于开展质量提升行动的指导意见》明确要求，通过大力实施标准化战略，深化标准化工作改革，建立新型标准体系，从而助推国家质量基础设施体系建设。

标准公开既是推进标准化战略实施的重要内容，也是加快建立政府主导制定的标准与市场自主制定的标准协同发展、协调配套的新型标准体系的内在要求，还是共享标准、打破信息孤岛、实现信息资源开放共享互联互通的必然选择。为贯彻落实《中共中央关于全面深化改革若干重大问题的决定》的精神，完善市场监管体系，促进市场公平竞争，维护市场正常秩序，国务院出台的《关于促进市场公平竞争维护市场正常秩序的若干意见》明确提出，坚持公正透明原则，政府监管标准应当公开，保障市场主体和社会公众的知情权、参与权、监督权。可以说，免费公开政府主导制定的标准是全面实施质量强国战略、标准化战略的应有之义，同时也将为"十三五"时期经济社会发展提供良好的机遇。

（二）现实意义：助力深化标准化改革

国务院于 2015 年出台《深化标准化工作改革方案》，提出建立政府主导制定的标准与市场自主制定的标准相协调的新型标准体系，健全政府与市场共治的标准化管理体制；同时明确指出，免费向社会公开强制性国家标准文本，推动免费向社会公开公益类推荐性标准文本。《标准化法》（修订草案）（二次审议稿）也作出了相似规定。可以说，推进免费公开政府主导制定的标准正是标准化改革的题中之义，也是深化标准化改革的助推石。

第一，推动公开政府主导制定的标准有利于提升制造业和服务业的水平。标准是生产过程中应当具备的工艺、规范等的总称。向社会公开标准，有助于从业者明晰应当达到的技术要求，帮助其提升行业的总体生产水平。

第二，推动公开政府主导制定的标准有利于形成有序的政府主导制定的标准体系。目前，现行国家标准、行业标准、地方标准中名称相同的有上千项，标准之间的交叉重复现象突出。最大限度地公开标准可以方便标准制定发布者互通共享标准化信息，从源头上控制重复标准的建立，避免政府部门盲目制定标准而造成资源浪费。

第三，推动公开政府主导制定的标准有利于增强公众参与度。通过公开标准，一方面可以倒逼企业提高产品质量，改进产品服务；另一方面，可以为社会组织和产业技术联盟制定满足市场和创新需要的标准提供参考依据，从而降低标准制定成本，鼓励市场主体积极参与标准的制定，提高标准竞争力。这也有助于改变长期以来以政府主导制定标准为主的现状，促进政府主导制定的标准和市场自主制定的标准相协调的新型标准体系的形成。

第四，推动公开政府主导制定的标准有利于使行政执法有据可依。行政执法部门在开展产品质量监管过程中，需要以大量的政府主导制定的标准作为行政执法的依据。做好标准公开工作，有助于保证行政执法顺利开展，也有助于提示生产经营者依照标准确定的规范从事生产经营活动。

二 中外标准化管理体系比较

标准应当由专门的出版社出版发行，并受到版权的保护，这一点在标准化业界似乎是一个共识，甚至被认为是依据了国际惯例。而事实上，域外承认标准受版权保护是与域外特有的标准化管理体制有着密切的关联的。因此，有必要对中外标准化管理体系进行深入分析，尤其是需要搞清楚域外的标准化管理体系和标准版权保护机制。

（一）域外的标准化管理体系

标准在一定程度上是对经济发展水平及消费者期望的客观反映，由于发达国家和地区市场经济体制比较成熟，经济发展水平较高，其标准制定①及管理体系也相应比较完善。

---

① 对标准制定作扩张解释，则标准制定是指组织制定标准及发布标准的行为。

1. 域外标准化管理体系的特点

（1）标准管理主体的非政府性

国际标准化活动及发达国家标准化活动的一个特征是其与不断变化的市场直接联系。顺应市场经济运行体制，国际标准、发达国家和地区标准的制定及管理主体具有明显的非政府性质。标准制定及管理机构一般为私营的、非营利性质的民间标准化组织，表现为各类协会或学会，如美国国家标准学会（American National Standards Institute）、英国标准学会（British Standards Institution）、加拿大标准委员会（Standards Council of Canada）、澳大利亚标准国际有限公司（Standards Australia International Limited）等。

（2）标准化管理体系的自愿性

国际、发达国家和地区标准化管理主体的非政府性决定了其标准化管理体系的自愿性。其标准的制定和遵守都由利益相关方的利益需求所驱动，相应地，其标准化管理体系也是一个由需求驱动的自愿性系统。

这种自愿性具体体现在以下三个方面。首先，自主决定是否制定标准。标准制定主体对制定何种标准或是否制定某一标准具有自主选择权与决定权。其次，自愿参与标准的制定。所有利益相关方均可自愿参与标准制定，制定过程公开、公正、透明，制定结果经协商一致得出。最后，自主决定是否采用相关标准。除非某一标准被纳入法律法规变为强制性标准或被纳入合同条款中，否则，利益相关方可自主决定是否采用某一标准。

（3）政府的角色为利益相关方

在发达国家和地区标准化管理体系中，政府为非主导方，一般不制定标准，而是作为利益相关方参与并支持标准制定与管理活动。如政府以购买服务或立法的形式引用自愿性标准，该项被引用标准即成为法律、法规或合同的组成部分，从而具有强制执行的法律效力，标准的性质也由自愿性转变为强制性。再如，政府对于立法所需的标准，通过标准项目的形式委托并资助标准化组织制定，或者通过政府财政支出支持标准化研究活动。

2. 国际及典型发达国家的标准化管理体系

（1）国际标准化管理体系

国际标准的相关政策体现着各成员组织代表的利益，国际标准的制定及管理也由各成员组织代表共同负责。国际标准化组织（International Organization for Standardization）、国际电工委员会（International Electrotechnical Commission）均由各国各地区国家标准化组织代表组成，是国际上最具影响力的两大非政府标准化组织。国际标准化组织及国际电工委员会的标准基本由技术委员会的专家组织起草，成员组成具有广泛性，一般来自企业、政府、非政府组织、科学实验室等。[①] 国际标准化组织、国际电工委员会在制定标准时都遵循相应的流程和规则，从提出工作项目、准备工作草案、提出委员会草案、提出征询意见草案到批准成为最终的国际标准草案，[②] 均由利益相关方经过数次磋商达成共识，体现了参与者的共同意志。同时，国际标准化组织、国际电工委员会标准的管理工作也由各自的相关机构负责。

（2）美国的标准化管理体系

美国的标准化活动发展较为成熟，已形成了一套完善的标准化管理体系。美国的标准化管理体系具有较强的自愿性、分散性。其标准制定与发布的分散性也是美国标准化管理体系不同于其他国家的地方，即在美国，标准制定并非指定一个机构作为主要的制定主体，而是由包括政府在内的多个标准制定机构共同完成。

①美国的标准种类

美国的标准主要包括团体标准、公司（企业）

---

① 国际标准化组织门户网站（http：//www. iso. org/）、国际电工委员会门户网站（http：//www. iec. ch），2017 年 9 月 21 日访问。

② 同上。

标准、政府标准、自愿协调一致标准。其中，团体标准主要是在几个有利益关系的组织之间协调一致制定而成；公司（企业）标准由公司（企业）内部制定；政府标准由政府部门人员制定；自愿协调一致标准则由不同团体协会代表、政府代表、专家学者及相关使用者共同制定。

②美国的标准制定与管理机构

美国标准体系的协调与管理机构是非营利性质的民间标准化团体——美国国家标准学会。美国国家标准学会经联邦政府授权协调国内各机构、团体的标准化活动，审核批准美国国家标准，并作为美国官方代表参与国际标准化活动。

美国国家标准学会很少制定标准，也无权要求标准制定者制定某一标准。在美国，大部分标准是由美国国家标准学会批准认可的标准制定组织（Standards Developing Organizations）制定和发布。每一个标准制定组织均可根据市场的需求自主决定自己想要制定的标准及相关标准政策，并自主选择是否将某项标准提交美国国家标准学会以获得其认可和批准成为美国国家标准（American National Standard）。此外，任何团体协会或个人在认为有必要制定某项标准时均可将标准制定建议提交给标准制定组织并由其制定。标准制定组织制定的标准均为自愿性标准，其中一部分标准经过美国国家标准学会的审核批准，成为国家标准；一部分标准通过政府采购或纳入法律法规，成为强制性标准。

③美国联邦政府在标准管理中的地位

美国联邦政府及其部门在美国标准体系中主要是一个参与者及利益相关方。联邦政府通过与有关标准制定组织合作，如政府机构的代表以个人名义直接参与标准研发与制定，履行公共管理职能。在美国国家标准学会的协调下，联邦政府和民间标准化系统相互配合，形成了良好的平等合作关系。① 此外，《国家技术转让和进步法》（*National Technology Transfer and Advancement Act*）鼓励政府尽可能减少自行制定标准，并规定了政府各机构参与标准化活动的职责。因此，政府机构在政府采购或立法中越来越多地引用自愿协调一致标准，或直接参与民间机构的标准制定活动。这种方式大大减少了法规制定成本，也避免了重复制定标准的不必要支出。

美国自愿、分散的标准化管理体系，一方面调动了各标准化团体、协会及相关利益方参与标准制定的积极性；另一方面又保证了标准化活动及标准制定的协调一致。

---

① 参见赵欹《美国政府对自愿协调一致标准的采纳及对其制定组织的特别法律保护》，《中国标准化》2012 年第 6 期。

（3）英国的标准化管理体系

英国同样形成了较为成熟的自愿性标准化管理体系，标准的自愿性又决定了标准管理职能归属于非政府性的民间标准化组织。

①英国的标准种类

英国的标准包括国家标准（British Standard）、团体标准和企业标准。其中，国家标准由英国标准学会制定发布，团体标准由一些学会或协会团体制定，企业标准由企业内部自主制定。这些标准均为自愿采用的推荐性标准，一旦被纳入法律法规或合同中，则转变为强制性标准。

②英国的标准机构

英国标准学会是得到英国政府承认与支持的非营利性民间团体，制定、修订、贯彻执行统一的英国国家标准是其主要任务之一。英国标准学会下设标准部作为标准化工作的管理和协调机构。标准部对内代表英国国家标准机构行使国家标准管理职能，对外代表英国参与正式的国际标准化组织活动。英国制定标准一般是由政府委托标准学会，再由标准学会的技术委员会制定草案，经标准委员会批准通过，最后由出版部出版发行。

此外，各行业团体组织机构也是英国标准体系中的重要组成部分，制定和实施团体标准或从事相关标准化活动。

③英国标准学会与政府的关系

在英国，政府与英国标准学会是相互平等、独立的关系，共同致力于标准化发展。英国政府以签发皇家宪章和签订备忘录的形式确定了政府与英国标准学会的法律关系。其中，英国标准学会皇家宪章主要规定了其独立法人地位、业务范围等。《联合王国政府和英国标准学会标准备忘录》（*Memorandum of Standards between the Government of the United Kingdom and the British Standards Institute*）则承认英国标准学会作为英国国家标准机构的地位，即具体的标准研发业务、标准管理职能由英国标准学会负责；同时，该备忘录明确了政府各部门之后将不再制定标准，一律采用英国标准学会制定的英国国家标准，特别是在政府采购和技术立法活动中直接引用英国国家标准；此外，备忘录也对政府的责任作出规定，政府有关部门负责制定标准政策，即政府仅负责政策层面的管理。

（4）加拿大的标准化管理体系

加拿大标准委员会是加拿大联邦政府于1970年设立的一个联邦国家法人社团组织，是加拿大政府机构中的一个重要部门。作为加拿大国家标准化体系的管理者与协调者，加拿大标准委员会领导并促进制定统一的自发性标准，审核批准加拿大国家标准，并代表国家参加国际标准化活动。

加拿大标准委员会自身并不制定标准，标准由其批准认可的四个加拿大标准制定组织制定。例如，独立的非营利性、自发性私营机构——加拿大标准协会（Canadian Standards Association）是加拿大主要的标准制定机构。为了确保标准具有普适性，标准制定过程需要各行业组织代表、专家学者代表、政府代表等共同参与。

（5）澳大利亚的标准化管理体系

澳大利亚标准机构（Standards Australia）是一家成立于1922年的非营利性组织，主要任务是与各行业团体共同制定符合国际标准的澳大利亚标准，认可其他标准化组织，并代表国家参加国际标准化活动。1999年，澳大利亚标准机构将其名称变更为澳大利亚标准国际有限公司，并成为一家上市担保有限公司。澳大利亚标准机构的会员（各行业协会）组成了标准理事会，此外理事会还包括专家及政府部门代表。澳大利亚标准分为国家标准和行业标准，性质均为自愿性，当标准被联邦或州法律法规所引用时则转化为强制性标准。

与英国相似，澳大利亚标准化机构是独立于澳大利亚政府的非政府性标准化组织。联邦政府通过签署备忘录的形式，承认澳大利亚标准化机构作为澳大利亚最高的非政府标准化管理机构的独立性与权威性。

（二）域外的标准版权保护机制

1. 域外标准版权保护模式及原因

在私人主导的标准化管理体系下，国际标准化组织以及域外国家和地区普遍承认标准制定者对其制定的标准及各种不同载体的标准出版物享有版权，同时，在标准的版权保护方面采取了一系列措施。

世界上两大国际标准化组织及域外国家和地区一致采用顺应市场经济体制的商业模式保护标准的版权，即标准化组织普遍通过标准的销售收入维持自身日常运作及标准化活动的开展。

在没有制度化和充裕的政府财政或基金支持的情况下，除了会员会费或赞助资金的支持，各标准化组织需要依赖版权保护下的标准销售和标准许可收入获得经济补偿，由此确保标准化活动的可持续性及标准制定的公正性。而获得这些收入的前提则是对自己主导制定的标准享有版权。因此，两大国际标准化组织与域外国家和地区对标准版权的承认及保护与其标准化管理体系的私人主导模式密不可分。

2. 域外标准的版权保护措施

两大国际标准化组织都属于非政府组织，无来自政府机构的财政资金支持，标准版权的销售收入是维系其自身运转的主要资金来源，是其生存与发展的主要根基；故二者对标准均采取版权保护的商业利用政策。其中，国际标准化组织版权政策的主要文件为 2012 年 8 月修订的最新版本《国际标准化组织出版物发行及国际标准化组织版权保护政策》（*Policy for the Distribution of ISO Publications and the Protection of ISO's Copyright*：*ISO POCOSA* 2012），该文件规定国际标准化组织的标准、草案、官方译文及衍生品等出版物，均为国际标准化组织享有的版权范畴。[①] 同时，被全部或部分采用成为国家标准的国际化标准组织的标准不能向该组织的成员国免费提供。国际电工委员会的版权政策主要体现为 2011 年发布的《IEC 销售政策（草案）》及 2016 年发布的《IEC 销售政策》。二者均强调，国际电工委员会的出版物[②]受版权保护，对其进行任何复制和利用，都需要获得国际电工委员会的书面许可。

美国、英国、加拿大、澳大利亚等国的标准化

①　"Include ISO standards, drafts and their official translations, ISO derived products, and ISO Central Secretariat products, as defined in Annex 1, in which ISO asserts copyright." "Policy for the Distribution of ISO Publications and the Protection of ISO's Copyright" (ISO POCOSA 2012).

②　人民网（知识产权）（http://ip. people. com. cn/n1/2016/1111/c179663 - 28852782. html），2017 年 9 月 28 日访问。

组织均制定了较为完善的顺应市场需求的标准版权保护法律法规、国家政策和许可协议等版权保护措施。

在美国，形成了以版权法为基础、相关标准化组织政策为支撑的美国标准版权保护体系。美国国家标准学会明确指出，美国《版权法》保护标准以及所有其他著作的作者。标准属于美国版权法保护对象之一——文字作品，① 美国版权法明确规定了版权所有者的专有权利。

美国国家标准学会虽然本身不享有标准版权，但是其也通过自己的门户网站电子商店销售标准并制定了标准版权政策。根据其对通过其电子商店购买标准产品的用户所提供的《最终用户协议》，标准产品所有的相关权利（包括知识产权），均归标准制定者所有。② 美国国家标准学会在版权白皮书《在美国联邦法规中引用的自愿性标准的版权保护》（*ANSI Position Pape Re-copyright Protection*）中对于为什么标准制定组织对标准进行收费这一问题给予了明确的回答：一是每一项标准都是作者的作品，根据美国和国际相关法律，其版权应当受到保护，

---

① Copyright Law of the United States and Related Laws Contained in Title 17 of the United States Code.

② 戴宇欣、李佳蔚：《美国标准版权保护体系及对我国的启示》，《标准科学》2014 年第 11 期。

并赋予所有者一定的控制权和报酬权；二是在制定、维护和发布标准行为方面会产生很多花费，标准的价格即是对上述花费的反映。尽管不同的标准制定组织有不同的业务模型和资金来源，但是都寻求标准的版权保护。即美国国家标准学会强调即使自愿性标准被纳入美国法律，标准所有人的版权也并未被剥夺，公众仍然不能免费获得法律所引用的标准。

在英国，英国标准协会作为一个非营利性民间机构，其从政府方面获得的项目资助数量和资助资金均较为有限。因此，出售标准是英国标准协会获得维持其生存与发展经济来源的重要方式。英国标准协会皇家宪章特别规定，协会除去成本的收入盈余，必须再投入标准的制定、维护及其他业务中，不得用于分红。

同时，英国标准协会明确声明对其制定或发布的英国标准（或标准草案）的任何载体形式拥有版权所有。英国对于标准版权的法律保护源于《1988年版权、外观设计与专利法》（*Copyright, Designs and Patent Act*, 1998），其明确规定禁止对作品进行复制，因此，标准作为一种作品，当然受版权法保护。

在加拿大，加拿大标准协会通过加拿大标准委员会批准的协商一致原则制定并出版自愿性标准和相关文件。作为非法定的协会团体，加拿大标准协会在《关于标准的法律提示》（"Legal Notice for Standards"）一文中针对标准的知识产权和所有权明确声明，加拿大标准协会是所有受版权保护的标准作品（无论是印刷或电子形式）的所有人或获授权的持有人。未经授权，无限制地使用、修改、复制或披露标准文件可能会违反保护加拿大标准协会或其他人知识产权的法律。在特许或法律允许的范围内，加拿大标准协会保留本文件中所有知识产权。①

在澳大利亚，1998 年澳大利亚标准机构成为最早为标准和技术出版物制定互联网交付系统的国家标准机构之一。2003 年，澳大利亚标准机构出售其商业担保业务，并授予 SAI 全球有限公司（SAI Global Limited）独家许可证，以出版和发行带有澳大利亚标准品牌的标准，该公司是一家新成立的在澳大利亚证券交易所上市的公司。目前，澳大利亚标准国际有限公司与 SAI 全球有限公司共同发行并出版标准，且均在自己的门户网站销售标准。

域外国家这种通过将商业性质的业务收入再投入标准制定研发的自我供给模式，使得标准具有更高的市场适应性，实现了标准体系的高度市场化。

---

① "Legal Notice for Standards", R. S. C. , 1985, c. S – 16.

（三）中国的标准化管理体系

不同于发达国家和地区私人主导的自发性、自愿性标准化管理体系，中国所采取的是一套自上而下的政府主导制定的标准及市场自主制定的标准共存的标准化管理体系。

1. 中国的标准化体系

中国的标准化体系最早确立于20世纪80年代，根据《标准化法》，中国实行国家标准、行业标准、地方标准和企业标准四类并存的模式。其中，国家标准、行业标准、地方标准又分为强制性标准和推荐性标准两类。当时，中国还处于计划经济时期，标准体系主要由政府单一供给。随着社会主义市场经济的发展，目前上述标准体系已无法适应经济社会发展的需求。

为了扫除原有标准体系给标准化工作造成的障碍，国务院发布的《深化标准化工作改革方案》按照主导制定主体的不同，提出了建成政府主导制定标准和市场自主制定标准共存的新型标准化体系的改革目标。国家标准、行业标准及地方标准都是政府主导制定的标准，集中在公益性领域；市场自主制定与发布的标准分为企业标准与团体标准。

《标准化法》（修订草案）（二次审议稿）也分

别从标准的使用范围和标准约束程度两个方面对中国的标准化体系做出新规定。按照标准使用范围的不同，中国实行国家标准、行业标准、地方标准和团体标准、企业标准五类标准化体系。国家标准是在全国范围内统一适用的技术要求，其他各级标准不得与之相抵触。行业标准是在没有推荐性国家标准，又需要在全国某个行业范围内统一技术要求的情况下而制定的标准。地方标准是为满足地方自然条件、风俗习惯等特殊技术要求而制定的，只在本行政区域内适用的标准。团体标准是社会团体协调相关市场主体共同制定满足市场和创新需要的由本团体成员约定采用或供社会自愿采用的标准。企业标准则是对企业范围内需要统一适用的技术、管理等要求。按照标准约束程度的不同，政府主导制定的标准分为强制性标准和推荐性标准两类。其中，国家标准分为强制性国家标准和推荐性国家标准，行业标准、地方标准均是推荐性标准。强制性标准必须执行，国家鼓励采用推荐性标准。

2. 中国的标准制定管理体系

由国家统一管理与各级政府及其部门分工负责相结合的早期标准化管理体系也不完善，影响了标准化管理效能的发挥。针对这一问题，《深化标准化工作改革方案》提出建立完善与新型标准体系相配套的、政府与市场共治的标准化管理体制。《标准化法》（修订草案）（二次审议稿）也对标准化管理体制做出规定。在国家标准、行业标准、地方标准的制定上，仍坚持政府统一管理的模式。

（1）标准的协调管理

根据《标准化法》的规定，国家标准化管理委员会受国务院委托统一管理全国标准化工作；国务院有关主管部门分设标准化管理部门，主管本部门、本行业的标准化工作；各省、自治区、直辖市，市，县标准化行政主管部门统一管理各自行政区域的标准化工作。如省级一层的质量技术监督局（以下简称质监局）设有标准化处，负责省级的标准化管理工作。此外，《标准化法》（修订草案）（二次审议稿）规定国务院建立标准化协调机制，设区的市级以上地方政府可根据需要建立，统筹协调标准化工作重大事项。

（2）标准的制定发布

国家标准由国家标准化管理委员会及部分国务院部门制定发布。国家标准化管理委员会为参照《中华人民共和国公务员法》管理的事业单位，并由国务院授权履行相应的行政管理职能，有制定国家标准的职权，除此之外，工程建设、药品、食品卫生、兽药、环境保护等领域的国家标准由相应的国务院部门制定。行业标准由国务院有关行政管理部门制定发布，除了国务院部门有制定发布权限外，国务院部门管理的国家局也可发布本领域内的行业标准，如国家烟草专卖局发布与烟草有关的标准等。地方标准的制定发布工作由省、自治区、直辖市以及设区的市政府的标准化行政主管部门负责，主要为各级地方的质监局，也包括省级政府及部分行政主管部门，如《食品安全地方标准管理办法》规定，省级卫生行政部门负责制定、公布、解释食品安全地方标准。

国家标准、行业标准、地方标准的制定发布主体皆为各级政府有关行政主管部门，其中根据《标准化法》的规定，标准化行政主管部门在标准的制定过程中始终充当组织者及管理者的角色，标准的立项、编号和对外通报工作由标准化行政主管部门负责完成。

（3）标准的制修订经费

根据《标准化法》的规定，标准化工作应当纳入国民经济和社会发展计划。《标准化法》（修订草案）（二次审议稿）也指出，政府主导开展的标准化活动属于国民经济和社会发展规划的范畴，标准化工作经费纳入预算。国家标准、行业标准、地方标准制修订经费主要来源于政府财政拨款，作为补助经费维持标准化工作。

根据《国家标准制修订经费管理办法》（财行〔2007〕29号），标准经费是中央财政设立的用于补助国家标准制修订工作的专项经费。标准经费由国家质量监督检验检疫总局归口管理，国家标准化管理委员会组织实施。《行业规划与标准补助经费管理办法》（财建〔2003〕431号）规定，根据中央财政预算安排，对行业规划与标准制定、修订、复审和评审论证等费用予以专项资金补助。此外，有些行业还制定了各自的经费管理办法，如《林业行业标准制修订经费管理办法》。标准经费纳入项目承担单位财务统一管理，专款专用。

此外，《深化标准化工作改革方案》也指出，制定强制性标准和公益类推荐性标准以及参与国际标准化活动的经费，由同级财政予以安排。

（4）标准的出版

《国家标准制定程序的阶段划分及代码》（GB/T16733－1997）规定，标准出版阶段是国家标准制定程序的必经阶段，其他标准可参照该规定的适用。

根据《标准出版管理办法》等规定，国家标准、行业标准和地方标准在标准出版阶段分别由国务院出版行政部门批准的正式出版单位出版。国家标准由中国标准出版社出版；工程建设、药品、食品卫生、兽药和环境保护国家标准，由国务院工程建设、卫生、农业、环境保护等主管部门根据出版管理的有关规定确定相关的出版单位出版，也可委托中国标准出版社出版；行业标准由国务院有关行政主管部门根据出版管理的有关规定确定相关的出版单位出版，也可由中国标准出版社出版；地方标准由省、自治区、直辖市标准化行政主管部门根据出版管理的有关规定确定相关的出版单位出版。① 出版单位按照《标准化工作导则》（GB/T1.1）的规定，对标准报批稿进行编辑性修改并负责出版。若需要对技术内容进行修改，须经过标准批准部门同意。同时，标准出版单位根据规定享有标准的专有出版权。②

（四）中外标准化管理的差异

根据对部分国家、国际标准化组织，以及中国的标准化体系和标准化运作机制进行的分析，可以发现，中外在标准制定管理上分别采取了两种截然不同的模式：域外国家乃至国际组织普遍采取私人主导的自发式市场化模式，而中国主要采取政府主导的管理模式。具体不同主要体现在以下几个方面。

---

① 参见《标准出版管理办法》第 3 条的规定。
② 根据《著作权法》的规定，专有出版权是图书的出版者依据图书出版合同享有的在一定期限内独占他人作品的权利。

其一，标准制定管理主体不同。除企业标准、团体标准外，中国政府主导制定的标准主要以各级政府主管部门为制定管理主体；国外则由独立的、自发的非政府性民间标准化团体或组织负责。

其二，标准制修订经费来源不同。除企业标准、团体标准外，中国政府主导制定的标准占据绝大部分，且其制修订经费主要来源于国家财政专项拨款并列入政府财政预算，而非由社会出资承担；国外则主要依靠标准协会会员会费赞助及标准化商业活动收入，包括标准销售、认证、咨询服务等收入，政府项目委托经费数额有限。

其三，标准化运作模式不同。在中国，政府主导的标准化工作属于社会公益事业，市场化参与程度还相对不高；国际标准化组织、国外私营民间组织的标准化活动则主要采取市场化运作模式，强调更多地引入市场机制，自由度和灵活度更高。

三 政府主导制定的标准的 公开现状

（一）公开政府主导制定的标准的政策演进

随着标准化事业的不断发展，政府主导制定的标准的公开工作经历了一个渐进的过程。从政策本身看，标准公开的第一个阶段是仅由指定的专有出版社采取出版发行、销售收费的方式公开标准文本；第二个阶段是由指定的专有出版社采取出版发行、销售收费方式公开标准文本，同时允许报纸杂志、网站平台等公开部分标准目录及标准制修订信息；第三个阶段是由专有出版社出版发行、销售正式权威的标准出版物，并允许政府网站免费公开标准制修订信息和仅供参考（仅供个人学习、研究之用）的标准电子文本。

1. 对标准出版的强力控制

1988 年 12 月 29 日《标准化法》的出台，标志着中国标准化工作开始走上法制化轨道。国务院于 1990

年颁布的《中华人民共和国标准化法实施条例》（以下简称《标准化法实施条例》）、原国家技术监督局1990年8月24日颁布实施的部门规章《国家标准管理办法》第25条、原国家技术监督局1991年11月7日颁布的《标准出版发行管理办法》第3条都明确规定，国家标准、行业标准、地方标准经批准发布后，应通过指定出版社出版发行的方式对外公布。原国家技术监督局和原国家新闻出版总署1997年8月联合发布的《标准出版管理办法》沿袭了《标准出版发行管理办法》的规定，尤其是第3条明确指定国家标准由中国标准出版社出版，药品、食品卫生、兽药和环境保护国家标准，可由中国标准出版社出版，也可由国务院工程建设、卫生、农业、环境保护等管理部门根据出版管理的有关规定确定相关的出版单位出版，而行业标准、地方标准则直接由国务院相关部门、省级质监局根据出版管理的有关规定直接确定标准出版社。这里的"出版管理的有关规定"主要指《出版管理条例》《标准出版管理办法》或地方的标准管理办法。① 这表明，国家标准的出版是由主管部门直接授权中国标准出版社出版，

---

① 这是从收到的依申请答复中获知的。例如，上海市质监局针对"委托的出版标准的出版社的法律法规规章及规范性文件依据"的申请答复如下：《标准出版发行管理办法》《标准出版管理办法》《上海市质量技术监督局关于发布〈上海市地方标准管理办法〉的通知》等。

其中药品、食品卫生、兽药和环境保护国家标准的出版可直接授权中国标准出版社出版，也可授权其他出版社出版，还可以根据"出版管理的有关规定"直接确定某个出版社出版。而行业标准与地方标准的出版存在两种可能：第一种是直接由标准化主管部门授权某个特定的出版社出版；第二种是直接自行选定出版社出版，通常在合同中约定该出版社享有专有出版权。这与《标准出版管理办法》第5条中规定的"根据上级主管部门的授权或同标准审批部门签订的合同，标准的出版单位享有标准的专有出版权"相互印证。此外，1999年8月的《国家版权局版权管理司关于标准著作权纠纷给最高人民法院的答复》及1999年11月22日最高人民法院知识产权审判庭给北京市高级人民法院的答复——《最高人民法院知识产权审判庭关于中国标准出版社与中国劳动出版社著作权侵权纠纷案的答复》中都认为，"标准化管理部门依职权将强制性标准的出版权授予中国标准出版社，这既是一种出版资格的确认，排除了其他出版单位的出版资格；同时也应认定是出版经营权利的独占许可"。由此可见，国家标准、行业标准、地方标准的出版均存在由主管部门通过直接授权的方式指定某一特定出版社出版，并通过有关部门规章及规范性文件以法定的形式加以明确的情形。

　　这一阶段，是中国社会主义商品经济向社会主义市场经济过渡的时期，标准管理带有明显的计划经济色彩，旨在通过专有出版社终端审核的方式确保标准的准确性及权威性。[①] 此外，当时的信息网络技术不发达，标准更新得较为缓慢，社会对标准的需求量也较小；因此，通过出版社出版发行、销售标准基本能满足国家推广、传播标准的要求。直到中国加入世界贸易组织（WTO）前，没有任何政策要求政府主导制定的标准文本免费公开。

2. 强调保护标准版权及专有出版权

　　政府主导制定的标准的免费公开最早体现在强制性国家标准相关信息的公告中。中国加入 WTO 时，全国人大正式发布法令，承认 WTO 发布的所有法律文件。在中国加入 WTO 的法律条文中，明确将强制性标准作为 WTO/TBT 协定规定的技术法规的组成部分和重要表现形式，TBT 协定要求成员国履行透明度义务，因此强制性标准也应达到相应的要求。为履行 TBT 协定、SPS 协定的透明度义务，国家质

---

　　① 标准专有出版社在此期间除了充当标准对外传播的媒介角色外，还有义务对标准进行发行前的审查，发现有疑点或错误之处，会及时告知标准审批部门。《标准出版发行管理办法》第 10 条："在标准出版的编辑中，如发现有疑点或错误，出版单位应当及时与交稿单位联系处理。当标准技术内容需要更改时，必须经标准的审批部门批准。"

量监督检验检疫总局发布的《关于切实履行 WTO 透明度义务和享受 WTO 透明度权利有关问题的通知》（已失效）明确规定，强制性国家标准必须以技术法规的名义由国家质量检验检疫总局 WTO 办公室向 WTO/TBT 秘书处通报。随后，出台的《TBT/SPS 措施通报、评议、咨询工作规则》调整、细化了 TBT 措施①、SPS 措施通报的规则。与此同时，国家标准化管理委员会为加强强制性国家标准的通报工作，发布了《关于强制性国家标准通报工作的若干规定（试行）》和《关于加强强制性标准管理的若干规定》，要求强制性标准要向 WTO 及各成员通报，并在指定的媒体上刊登已批准发布的强制性标准的有关信息。② 而这些文件只涉及强制性标准的标题、批准发布时间、简要内容等信息的公开，并没有涉及强制性标准文本内容的免费公开。

国家质量监督检验检疫总局 2004 年发布的《关

---

① TBT 措施是指技术法规、标准和合格评定程序。中国法律法规体系中，不存在技术法规，但中国很多法律、法规和规章，以及强制性标准等强制性要求与 TBT 协定对技术法规定义相似，中国强制性标准是 TBT 协定中技术法规的主要文件形式，推荐性标准相当于 TBT 协定中的"标准"（资源性的特性）。参见朱彬主编《标准化基础知识》，广东人民出版社 2016 年版，第 221 页。

② 《关于加强强制性标准管理的若干规定》第 20 条规定："强制性标准的批准、发布实行公告制度，并在指定的媒体上刊登已批准发布的强制性标准的有关信息。"

于进一步加强标准版权保护规范标准出版发行工作的意见》明确提出，"标准全文网络服务工作由国家标准化管理委员会统一组织实施，由国家质量监督检验检疫总局和国家标准化管理委员建立健全标准网络服务体系。任何单位和个人不得将标准全文刊登在公共网络和其他出版物上"①。2005 年，国家标准化管理委员会发布《标准网络出版发行管理规定（试行）》，将国家标准的网络专有出版权授予中国标准出版社，禁止任何单位和个人在未经授权的情况下从事标准网络出版发行活动。② 随后，为了加强国家标准、行业标准的出版管理，强化标准的保护，国家质量监督检验检疫总局又分别于 2006 年、2010 年出台了《关于进一步加强标准版权保护规范标准出版发行工作的通知》《关于进一步打击标准

---

　　① 《关于进一步加强标准版权保护规范标准出版发行工作的意见》第 2 条："标准必须由标准化主管部门授权的正式出版单位出版，被授权的标准出版单位享有标准专有出版权。未经授权不得从事标准出版活动。未经许可，任何单位和个人不得将未经正式批准发布的标准草案用于商业目的出版、发行和使用。"第 7 条："任何单位和个人不得从事或参与标准侵权、盗版活动；不得将标准全文刊登在公共网络和其他出版物上；不得违反本办法第五条的规定使用非正版标准。发行单位不得销售非法标准出版物。"

　　② 《标准网络出版发行管理规定（试行）》第 5 条："国家标准化管理委员会授权中国标准出版社为标准网络出版发行单位，享有标准网络专有出版权。未经授权的任何单位和个人，不得从事标准网络出版发行活动。"

侵权盗版 加强标准版权保护工作的通知》。据此，通过网站或其他方式直接公开标准文本全文是违反以上规定的，公众需要付费购买中国标准出版社出版发行的标准文本才可以获取各种标准及相关信息。

与此同时，部分省域的地方标准免费公开已初见端倪。各省、自治区、直辖市针对地方标准制定了一系列地方性法规、地方政府规章或规范性文件，不同的省域对待地方标准版权的态度不一，这主要体现在是否允许地方标准文本免费的公开上。① 一些省域采取积极限制地方标准版权的态度，如 2010 年浙江省人民政府颁布的《浙江省地方标准管理办法》规定，地方标准应当公布，公众可免费查阅地方标准。② 一些省域对强制性标准及推荐性标准的公开区别对待，如 2009 年四川省人民政府颁布的《四川省地方标准管理办法》规定，四川省的强制性地方标准全文公开，四川省推荐性地方标准则只免费公开目录。③ 2007 年北京市质监局颁布的《北京市地方标准管理办法（试行）》也规定，公众可免费获

① 郑培、陈杰、唐建辉：《技术标准著作权问题研究》，知识产权出版社 2015 年版，第 180 页。

② 《浙江省地方标准管理办法》第 21 条："地方标准应当公布，并向公众提供免费查阅。"

③ 《四川省地方标准管理办法》第 25 条："省标准化行政主管部门应当在其网站上公布省级地方标准目录和区域性地方标准目录，其中强制性地方标准应当全文公布。"

取强制性地方标准全文及推荐性地方标准目录。① 还有一些省域要求公布地方标准目录及强制性地方标准的部分内容，如2001年上海市人大常委会颁布的《上海市标准化条例》规定，地方标准目录应当公开，强制性地方标准主要内容也要随之公开。②

这一时期，标准化事业处于急剧上升期，标准数量大幅度增加，标准更新速度加快。然而，出版标准有一定的周期，直接影响标准能否第一时间投入使用。同时，公众对标准，尤其是对关系人身健康安全的食品安全、环境保护等标准的使用需求也日益高涨。2009年全国人大常委会颁布的《中华人民共和国食品安全法》（已被修改）第26条规定，"食品安全标准应当供公众免费查阅"③，这一条明确从法律上确认了食品安全类标准免费公开的属性。但以往的规范标准管理的部门规章及规范性文件却未作出相应的修改，与上述法律规定存在冲突。此

① 《北京市地方标准管理办法（试行）》第59条："北京市质量技术监督局应当及时在网站上公布地方标准目录和强制性地方标准全文。"

② 《上海市标准化条例》第24条："强制性地方标准的目录和主要内容应当在政府部门的网站上公布；市质量技监部门应当在媒体上及时发布地方标准目录。"

③ 2015年修订的《中华人民共和国食品安全法》对食品安全标准公开作了进一步规定，其31条规定："省级以上人民政府卫生行政部门应当在其网站上公布制定和备案的食品安全国家标准、地方标准和企业标准，供公众免费查阅、下载。"

阶段盗版盗印标准的活动空前猖獗，国家从强制规定的层面予以严厉打击，颁布了一系列规范标准管理的部门规章及红头文件，明确加强国家标准、行业标准版权及专有出版权的保护，对于擅自将标准全文上传网络，或公开未经批准发布的送审稿、报批稿，或无标准出版资格而经销标准的行为，均予以处罚。当然，盗版盗印标准的活动空前猖獗也恰恰说明社会希望低成本、无成本获取标准文本的需求不断高企。

保护标准版权及专有出版权的行为与公众要求免费公开标准的需求之间的冲突，以及国家标准、行业标准基本不免费公开与部分地方标准免费公开的差异，成为这一时期的显著特点。

3. 逐步通过政府网站免费公开标准

十八届二中全会将加强标准体系建设列为国家的一项基础性制度，产品及服务标准迈出了全面公开的实质性一步。据此，国务院出台了《关于促进市场公平竞争维护市场正常秩序的若干意见》，指出要公开市场监管标准，加快推动修订《标准化法》，推进强制性标准体系改革。在该意见的引导下，2014年10月，国家标准化管理委员会在"世界标准日中国宣传周"的主题活动上宣布：强制性国家标准自2014年10月14日起通过统一网络平台提供全文公开服务，公众可免费下载、复制、传播。① 随之，国务院于 2015 年 3 月发布《深化标准化工作改革方案》，首次提出推动免费向社会公开强制性国家标准文本及公益类推荐性标准文本，为政府主导制定的标准的免费公开指明了方向。2015 年 4 月发布的《中华人民共和国食品安全法》（2015 年修订）在法律的层面上，首次明确食品安全国家标准、地方标准应当在政府部门网站上公开，并能免费查阅及下载。为了推动《深化标准化工作改革方案》落地，国务院办公厅又先后出台了两个阶段的实施方案（即《贯彻实施〈深化标准化工作改革方案〉行动计划（2015—2016 年）》和《贯彻实施〈深化标准化工作改革方案〉重点任务分工（2017—2018 年）》），明确确立了标准公开的相关制度，推动政府主导制定标准的信息公开、透明和共享，及时向社会公开标准制修订过程信息，免费向社会公开强制性国家标准和推荐性国家标准文本，推动行业标准、地方标准文本向社会免费公开。为了适应改革的需要，回应公众的质疑，国家标准化管理委员会制定了《推进国家标准公开工作实施方案》，提出

---

① 《强制性国家标准 14 日起免费下载》，人民网（http：//hb. people. com. cn/n/2014/1015/c192237 - 22607200. html），2017 年 9 月 20 日最后访问。

到 2020 年，要基本实现国家标准全部免费公开。2017 年 9 月 5 日起向社会征求意见的《标准化法》（修订草案）（二次审议稿）明确指出，强制性标准文本应当免费向社会公开，国家推动免费向社会公开推荐性标准文本。《关于开展质量提升行动的指导意见》也重申免费向社会公开强制性国家标准文本，推动免费向社会公开推荐性标准文本。由此可知，政府主导制定的标准走向免费公开已成既定格局，如何使标准免费公开达到公众满意的程度是未来标准公开工作的重中之重。

（二）政府主导制定的标准的免费公开

政府网站平台辐射范围广泛、公布信息及时、传播信息快速、获取信息便利，无疑应成为公开标准的第一平台。在推动政府主导制定的标准通过互联网公开方面，国家标准化管理委员会、部分国务院部门及地方省（市）级标准化行政部门发挥了重要作用。2017 年，由国家标准化管理委员会推出的"国家标准全文公开系统"已上线运行，这是深化标准化改革的重大举措，为政府主导制定的标准公开树立了鲜明的旗帜。公众直接登录"国家标准全文公开系统"即可查询所需标准的信息，打破了付费购买标准的单一公开方式。在行业标准、地方标准的公开方面，部分国务院部门及地方政府正逐步推进标准的在线公开平台建设。

　　课题组于 2017 年 8 月 10 日至 2017 年 9 月 20 日，对通过网站公开平台公开国家标准、行业标准、地方标准的情况进行了分析。

　　在国家标准公开方面，根据《国家标准管理办法》《标准化法实施条例》，有国家标准化组织制定、发布职权的不仅包括国家标准化管理委员会，还有国务院工程建设主管部门、卫生主管部门、农业主管部门、环境保护主管部门等；因此，课题组选择国家标准化管理委员会及国家卫生和计划生育委员会（以下简称国家卫计委）、环境保护部、住房和城乡建设部（以下简称住建部）及农业部 4 家国务院部门作为调研对象。调研内容包括标准公开平台建设（是否有栏目、栏目是否有分类等）、标准文本公开（是否全文公开、是否标注题录信息等）、公开方式（是否可在线浏览、是否可下载）及标准制修订信息公开四方面。

　　在行业标准公开方面，根据《关于规范使用国家标准和行业标准代号的通知》中《中华人民共和国国家标准和行业标准代号》的规定，行业标准代号对应的主管部门不包括外交部、国家民族事务委员会、财政部、审计署、科技部 5 家国务院部门，故选择国务院组成部门中的 17 家部门（不含国防部、监察部、国家安全部）及国家质量监督检验检疫总局、国家食品药品监督管理总局（以下简称国家食药监总局）2 家国务院直属机构作为调研对象。调研内容包括标准栏目建设情况（是否有栏目、栏目是否有分类等）、公开内容（是否有标准相关内容、是否全文公开、是否标注报批稿等）、公开方式以及标准制修订信息公开四方面。

在地方标准公开方面，《标准化法》《地方标准管理办法》等文件授权省级质监局有制定发布标准的权职，故选择 31 家省、自治区、直辖市的质监局以及各省级标准化信息平台为调研对象，调研内容分别为地方标准栏目设置情况（是否设置标准公开栏目及链接是否有效）、地方标准文本公开内容及方式（地方标准文本的公开情况、标准文本是否可在线浏览及下载、标准题录信息是否全面、标准是否只能购买才能获得全文）、地方标准制修订信息公开情况这三个方面。

调研发现，在国家标准公开上，国家标准全文公开系统设计的栏目清晰、分类明确、检索有效，其公开的强制性国家标准不仅可以在线预览，还可直接下载标准文本全文。部分国务院部门及地方质监局不仅开设标准化专栏，还对其进行细化分类，内容也丰富多样，除了公开标准名称、编号及全文外，还公开了标准公告、标准体系、标准目录、标准修订工作计划、标准规范及条例、标准征求意见函等标准信息。同时也存在一些问题，如国家标准全文公开系统所发布的标准电子文本均明示该电子文本仅供参考，应以正式的标准出版物为准。在行业标准、地方标准的公开上，部分国务院部门和地方质监局仅公开了标准代号、标准名称、代替标准号、发布日期及实施日期。部分国务院部门虽然公开了标准文本，但均为报批稿，有的国务院部门还声明如若获取标准全文须联系出版社购买。部分地方政府只公开了电子版标准文本部分章节内容，获取全文须购买。

总之，在推动政府主导制定的标准公开工作过程中，既有成效，也存在一定的问题。

1. 国家标准的公开现状

（1）国家标准公开的亮点

第一，设置标准公开平台。国家标准化管理委员会、国家卫计委、环境保护部、住建部及农业部分别通过国家标准全文公开系统、卫生标准网、"环境保护标准"平台及国家环境保护部数据中心、国家工程建设标准化信息网、中国农业质量标准网及农业部农业标准化网在线公开国家标准。此外，按照国家标准全文系统网站首页的说明，食品安全、环境保护、工程建设方面的国家标准需要分别访问食品安全、环境保护、工程建设网站链接进行查询。点击上述链接分别转链接到国家卫计委门户网站、国家环境保护部数据中心网站及国家工程建设标准化信息网下的工程建设标准强制性条文检索平台。其中，环境保护部数据中心网站公开的标准最终又链接到环境保护部门户网站下的环境保护标准平台。

第二，在标准公开平台下设置子栏目。5家调研对象均设置国家标准公开栏目，分别发布通知公告、标准公告、征求意见等标准相关信息。如国家标准全文公开系统设置了"通知"栏目及"强制性国家标准"和"推荐性国家标准"两个检索栏目。

中国农业质量标准网设置"农业标准专栏"栏目专门公布标准制修订信息，包括标准项目计划、标准发布公告、标准意见征询等信息。国家工程建设标准化信息网网站首页分别设置"标准发布公告""标准征求意见""标准实施监督""标准备案公告""标准年度计划"等栏目分别展示不同的标准内容。

第三，全文公开标准内容并可在线浏览和下载。除了公布标准名、标准编号、标准发布时间等简要信息之外，国家标准全文公开系统、卫生标准网、国家环境保护部数据中心、中国农业质量标准网均以 PDF 形式公开了标准文本全文（包括标准名、编号、发布时间、实施时间、发布单位等题录信息），并可供在线浏览和下载。

第四，对标准文本性质进行说明。国家标准全文公开系统、卫生标准网、环境保护部数据中心、工程建设标准强制性条文检索平台、中国农业质量标准网均对公开的标准文本性质（是仅供参考或者是正式版）进行说明。例如，国家卫计委公布了中国标准出版社正式出版的标准文本全文的电子版；再如，中国农业质量标准网在其网站首页以浮动窗口的形式声明其提供的部分标准文本电子版仅供参考查阅。

第五，公开国家标准制修订信息。5 家调研对象均不同程度地公开了国家标准制修订信息，注重标准预公开及修改废止公开工作。如国家标准化管理委员会在其门户网站设置了"征求意见""标准公告"栏目，分别用于发布标准发布公告及标准立项项目、标准报批稿、标准废止征求意见。卫生标准网设置了"规划计划""标准征求意见""标准发布""标准查询"等栏目对标准从计划立项到废止进行全方位公开。

（2）国家标准公开存在的问题

①标准公开栏目设置混乱

虽然标准公开平台下设有子栏目，但设置较为混乱，如中国农业质量标准网首页设置了"农业标准专栏"栏目，此专栏下又设置"通知文件""项目计划""意见征询""技术机构"和"交流广角"5个子栏目。此外，中国农业质量标准网还在首页设置了"标准公告"栏目，与"通知文件"栏目一样用于发布农业标准发布公告。即存在两个不同栏目分别公开标准相关信息，公众在进行标准查询时需要分别浏览这两个栏目。其实，标准公告作为标准制修订信息也属于标准内容的一个重要部分，将其归入"农业标准专栏"栏目下会更加合理，公众锁定查询路径会更加便捷。

②标准文本公开不完备

其一，未公开标准文本全文。农业标准化网存在未有效公开国家标准文本全文的情形。例如，农业部农业标准化网在"标准及体系"栏目下的国家标准和行业标准版块，只公布了个别国家标准和推荐性行业标准全文。此外，"标准及体系—标准查询"提供了国内农业标准分类查询入口，点击后显示国内农业标准分类查询入口，点击后却无法显示有效页面。再如，国家工程建设标准化信息网下的国家工程建设标准体系网站，对公开的国家标准只包含标准简要信息、项目说明、标准目次及强制性条文；且有的强制性条文也未公开，点击后出现空白页面。国家工程建设标准化信息网下的工程建设标准强制性条文检索平台，对国家标准强制性条文内容进行节选式公开。

其二，公开的标准文本非正式版。虽然标准平台均不同程度地公开了标准文本，但是5家调研对象均没有公开标准文本的正式版。例如，国家标准全文系统首页明确声明，"本系统所提供的电子文本仅供参考，请以正式标准出版物为准"。工程建设标准强制性条文检索平台在标准文本公开页面注明，"本电子文本内容仅供参考，强条内容以正式版文本为准"。再如，环境保护部数据中心公开的标准全文明确标注为发布稿，且做出文字说明："请以中国环境科学出版社出版的正式标准文本为准。"（见图1）

其三，标准制修订信息公开不到位。虽然5家调研对象均不同程度地对标准制修订信息进行公开，但是，公开得并不全面。有的没有标准立项前公示，有的没有标准计划公告，有的没有标准废止公告，有的没有标准复审结论公告。且这些平台没有做到设置不同的栏目分别公布不同类别的标准制修订信息。

声环境功能区划分技术规范

Technical Specifications For Regionalizing
Environmental Noise Function

（发布稿）

本电子版为发布稿。请以中国环境科学出版社出版的正式标准文本为准。

图1　环境保护部数据中心网站截图

注：截图时间为 2017 年 9 月 18 日。

③标准文本全文的公布时间滞后

全过程公开国家标准，不仅要保障公开的质量，还要确保公开的及时性。公开主体应以最快的速度公开国家标准文本全文，即标准一经发布就应及时公开全文。然而，通过观察国家标准全文公开系统发现，一些国家标准已通过有关审批部门批准并予以发布，而标准全文却迟迟未公开，这一现象普遍存在于国家标准的公开中。其主要体现在国家标准全文公开系统"通知"栏目中关于公开某项国家标准公告中国家标准全文的通知的发布日期，也即此国家标准全文的公开日期与该公告中国家标准的发布日期存在明显的时间间隔，有的间隔接近一个月。如国家标准全文公开系统于 2017 年 8 月 18 日发布了《关于公开 2017 年第 20 号中国国家标准公告中国家标准全文的通知》，明确说明即日起可在本系统中查阅《道路交通标志和标线 第 4 部分：作业区》等 200 项国家标准的题录，可查阅强制性国家标准、非采标推荐性国家标准全文；而 2017 年第 20 号中国国家标准公告的发布日期，也即上述 200 项国家标准的发布日期为 2017 年 7 月 31 日，与其中的强制性国家标准全文、非采标推荐性国家标准全文的公开日期相比，两者相差 18 天。这说明公开强制性国家标准全文、非采标推荐性国家标准全文的时间远远滞后于发布这些标准的时间，严重影响了公众第一时间获取标准的及时性。

2. 行业标准公开现状

（1）行业标准公开的亮点

在 19 家国务院部门中，有 18 家对行业标准进行了不同程度的公开，行业标准的公开情况总体优于国家标准公开情况。

①标准公开栏目建设水平较高

其一，设置标准公开专门栏目。11 家调研对象的公开平台设置了标准公开专栏，占比 57.9%。例如，国家卫计委在门户网站"信息公开目录"栏目下设置"卫生计生标准"一栏，专门公开卫生标准和食品标准（包括强制性标准和推荐性标准）。公众可以根据"关键字"（标准名或标准编号）对所需标准进行搜索。环境保护部设置"科技标准"栏目，点击此栏目进入环境保护标准网，此网站又设置"标准发布""标准修改与解释""标准征求意见""标准文本"等栏目。又如，环境保护部数据中心在其门户网站"科技标准"栏目下设置"国家环境保护标准"一栏，该栏目目录中分别标明了标准号、标准名称及标准发布时间。公众既可以在搜索框中输入标准号、标准名称进行搜索查询，也可以按照不同的标准分类（水、大气、土壤等环境保护标准）点击查询不同类别的环境保护标准。再如，农业部、工业和信息化部、交通运输部、住建部、中国人民银行门户网站分别设置了"农业标准""标准""标准规范""标准定额""金融标准化"等专门公开标准的栏目。

其二，标准公开的专门栏目下设有分类。有9家国务院部门门户网站的标准公开栏目下设置了分类，可以更加直观、更加丰富地展现标准公开信息。一是针对标准本身进行分类。具体而言，有的按照内容不同分类，如国家卫计委网站"卫生计生标准"栏目分为卫生标准和食品标准两个版块，其中卫生标准版块下又分为传染病等18个具体的子版块。公众可以按照查询需要针对性地点击不同的标准版块，快速便捷。有的按照性质不同进行分类，如交通运输部门户网站设置"标准规范"栏目，下设国家标准、行业标准和国际条约三大分类。二是9家调研对象对标准制修订相关信息进行分类，占比47.4%。如环境保护部在其网站的"科技标准"栏目下设置了标准文本、标准发布、标准修改与解释、标准征求意见等7个子栏目，公开与标准相关的各种信息。又如住建部在其"标准定额"栏目下设置政策发布、标准发布公告等4个子栏目。

②标准公开内容完备

其一，除了公开标准名称、编号及全文外，18家调研对象门户网站或在标准公开栏目下公开了标准相关的各类信息，占比94.7%。例如，国土资源部门户网站的"标准规范"专栏及其"科技与国际合作司—标准化"栏目均按时间先后顺序公开了标准发布公告、标准报批稿公示、标准体系、标准目录、标准制修订工作计划、标准规范及条例、标准征求意见函等信息。农业部在"农业标准"专栏发布了标准公告、工作总结等。工业和信息化部还在"信息公开"栏目下的文件发布中公开了工业通信业标准化工作要点。

其二，公开标准全文并对性质进行说明。有11家调研对象公开了标准文本全文且标准文本中包含标准题录信息，占比57.9%，其中部分国务院部门还对公开的标准全文是否属于报批稿、发布稿或正式出版稿进行了说明或标注。如文化部以 WORD 文本形式公开的古籍定级标准文本末页信息表明其为正式出版的标准电子版（见图2）。

中华人民共和国文化行业标准
古 籍 定 级 标 准
WH／T 20-2006..

＊.,

北京图书馆出版社发行

北京市西城区文津街7号

邮政编码：100034

E-mail cbs@nlc.gov.cn(投稿) btsfxb@nlc.gov.cn(邮购)

网址：www.nlcpress.com

电话：010-66139745；66175620；66126153

66174391(传真)，66126156(门市部)

北京四季青印刷厂印刷

＊

开本880×1230 1／16 印张0.75 字数16千字

2007年1月第1版 2007年1月第1次印刷

＊

统一书号：7201.163 定价：10.00元

图2 文化部门户网站截图

注：截图时间为2017年9月18日。

③公开标准制修订情况

有18家国务院部门不同程度地公开了标准制修订信息。其中，在标准预公开方面，有6家国务院部门公开了标准立项前公示信息，占比31.58%；10

家国务院部门公开了标准计划公告，占比52.6%；10家国务院部门或在门户网站民意征集栏目或在专门的标准征求意见栏目（如环境保护部）公开了标准意见征集稿，占比52.6%。此外，有18家国务院部门公开了标准发布公告，占比94.7%；10家国务院部门公开了标准废止公告，占比52.6%；4家国务院部门公开了标准复审结论，占比21.1%。其中，交通运输部、住建部公开了上述全部6项标准制修订信息。

（2）行业标准公开存在的问题

①标准公开栏目建设不完善

一是未设置标准公开专门栏目。有8家调研对象未在门户网站设置标准公开专栏，有关标准的内容分别公开在不同的栏目，占比42.1%。如国家质量监督检验检疫总局在其门户网站的"在线服务—质检知识窗"栏目公布了新标准正式实施的信息及该标准的概括性介绍，在"信息公开—业务信息"栏目公布了国外标准发布信息，在"热点栏目—便民提示"栏目公开了某新标准与原标准的不同。又如文化部在其门户网站的"文化科技司"栏目公开了文化领域现行标准清单，一些标准文本（如国家推荐性标准古籍修复技术规范与质量要求）及标准发布或废止的通知则公开在"政务公开"栏目下。

二是标准公开栏目下未设置分类。部分调研对象虽然在门户网站设置了标准公开栏目，却将所有标准相关信息杂糅在一起发布。如农业部在门户网站设置了"农业标准"栏目，却未对该栏目做进一步具体分类，而是混杂发布标准发布、实施公告、标准项目立项建议等信息。虽然栏目目录按照时间先后顺序排列，但是仍不利于公众简便查询。

②设置多个标准公开栏目或平台

有的调研对象门户网站标准公开平台比较混乱，同时设置多个栏目，多渠道公开标准，不利于公众查询。如国土资源部门户网站设置了"标准规范"栏目公开标准发布公告、标准体系、标准计划、标准目录等标准相关信息，同时在其"科技与国际合作—标准化"栏目也发布上述标准信息。以上两个栏目发布的内容存在交叉与重复，然而又并非一一对应。此外，科技与国际合作司的网页还公开了国土资源标准化网址，此网址链接到国土资源标准化信息服务平台，该平台则专门公开国土资源标准工作动态及标准相关信息。

再以水利部为例，其门户网站"政务信息公开专栏—技术标准"栏目链接到国际合作与科技司网页的"技术监督—标准查询"栏目，此栏目公布了标准目录，包括标准编号、名称、业务司局等简要信息。此外，其又在门户网站"政务信息公开专栏—分类浏览"栏目下设置水利标准栏目公布标准相关信息。

类似上述这种多渠道公开标准的做法，一方面表明有些国务院部门对标准公开工作较为重视；另一方面，却不利于公众快速有效地查询有关标准的各类信息。

③标准公开栏目下的内容不完备

有些国务院部门门户网站的标准公开栏目下仅仅发布了标准本身的内容，并没有集中发布标准计划、标准草案征集、标准发布、标准制修订等信息。而上述信息往往会不规律地发布在门户网站的通知通告、民意征集、信息公开等其他栏目中，令公众难以查找。有些国务院部门则是在标准公开栏目下公布除标准本身以外的其他标准相关信息，在通知通告、信息公开等栏目下也公布此类信息。但是在通知通告、信息公开等栏目下公布的信息未被完全纳入标准公开栏目中，两个平台之间公开的信息不完全一致。

（3）公开的标准信息内容不全

①标准文本全文公开情况不理想

一是未公开标准文本全文。有9家调研对象没有公开标准文本全文，占比47.4%，其中，8家调研对象均只公开了标准名称、编号、目录、代替标准号、发布及实施日期等简要信息，占比42.1%，剩余1家调研对象既未公开标准全文，也未公开标准简要信息。如公安部在其门户网站"通知通告"栏目下公布了标准发布信息，但只包括标准编号、名称和批准、实施日期。

二是标准文本公开程度不统一。在公开标准文本的调研对象中，有的只公开了标准文本的强制性条文部分，有的则只公开了部分标准的全文。再如农业部公布的标准内容中，有的是以公告的形式发布，但将标准文本全文作为附件公开，没有显示标准编号；有的是只公开了标准目录，如《冬枣等级规格》等23项农业行业标准目录中只显示标准号、标准名称，有的目录中还显示了代替标准号，但是并没有公开标准文本全文。

三是公开的标准文本全文属于非正式版。如国土资源部、国家食药监总局、环境保护部公开的标准全文均分别明确标注为报批稿、参考件、发布稿，且说明应以正式出版的标准为准（见图3）。此外，民政部在其民政科技与标准化信息平台"通知公告"栏目下的行业标准发布公告中以附件形式公开了WORD文本版行业标准发布稿。

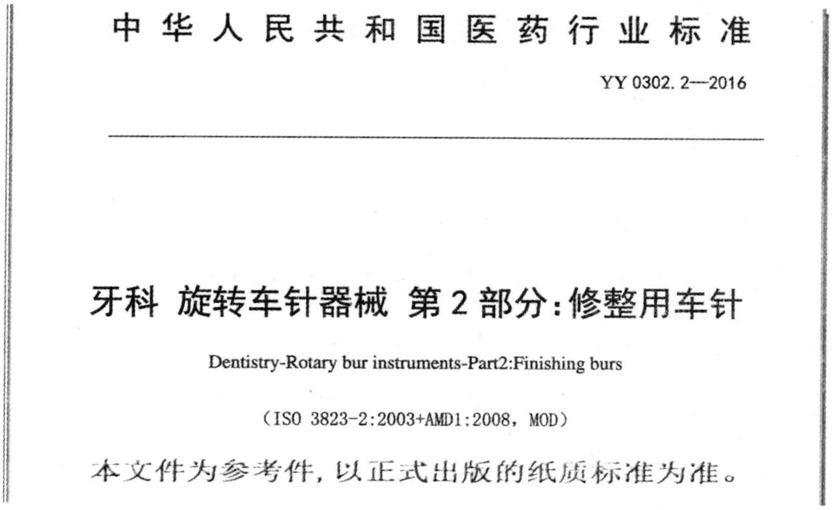

中 华 人 民 共 和 国 医 药 行 业 标 准

YY 0302. 2—2016

牙科 旋转车针器械 第 2 部分：修整用车针

Dentistry-Rotary bur instruments-Part2:Finishing burs

（ISO 3823-2:2003+AMD1:2008，MOD）

本文件为参考件，以正式出版的纸质标准为准。

图 3 　国家药监总局门户网站截图

注：截图时间为 2017 年 9 月 18 日。

②未对标准文本有效性进行标注

全文公开标准文本的调研对象均未对标准文本的有效性或有效期进行标注。如水利部在其"技术监督—标准查询"栏目下公布的标准目录中，只是对状态进行了标注，显示"已颁"。再如工业和信息化部在其行业标准目录中对复审结论进行标注，显示"修订"或"继续有效"。

③未对标准文本的最终状态进行说明

对于有的调研对象公开的标准文本全文，公众在查阅时无法判断其是否为最终出版的正式版本。因为，既没有在公开平台对标准文本的最终状态进行文字说明，也没有在标准文本中标明是报批稿、参考件或发布稿，文本中也没有显示出版社出版信息的页面。这难免会使公众对查询到的标准的权威性心存疑虑。

④标准公开内容未及时更新

部分国务院部门存在标准公开内容滞后的现象，即标准公开工作往往停滞于某一时间不再更新，此后再无同类标准信息的公布。如2012年，民政部在其民政科技与标准化信息平台的"民政标准宣贯"栏目公开了民政范围已发布的行业标准清单，该清单标明截至2015年12月31日，而此后再无行业标准清单的公布。

（4）标准制修订信息公开不完备

其一，标准预公开工作不到位。17家调研对象对标准预公开工作重视不够，没有全面公开标准立项前公示、标准计划公告、标准意见征集稿，在标准的制修订方面没有做到广纳民意、吸取建议，占比89.5%。此外，有的国务院部门虽然公开了标准预公开信息，但是往往较为滞后。如中国人民银行公开了标准计划公告，但是此类公告止于2003年，此后再未公布此类公告的信息。

其二，标准发布、废止公告公开有待改进。有1家调研对象未公开标准发布公告，9家未公开标准废止公告，分别占5.3%、47.4%。有的国务院部门在标准发布公告中说明"批准……现予以公布"时，会同时说明某一标准废止，但却往往不会专门再发布标准废止公告。而从便于公众查询标准的角度看，这种做法并不可取。

其三，标准复审结论公开不理想。《标准化法实施条例》规定，标准实施后，制定部门应当适时进行复审，根据复审结论判定有关标准或继续有效或废止或对标准进行修订。调研发现，大多数调研对象对标准复审结论公开工作不够重视，只有交通运输部、水利部、工业和信息化部、住建部公开了标准复审结论。而且，水利部的标准复审结论公开止于2004年，以后再无此类信息的公布。

3. 地方标准公开现状

（1）地方标准公开的亮点

①主动公开标准信息并设专栏或平台

第一，省级质监部门门户网站普遍设有标准化信息栏目。从调研的31家省级质监部门及省级标准信息公开平台的情况来看，除了陕西省标准质量信息网因"内部服务器发生错误，无法显示页面"而致无法查询标准文本外，其余30家省级质监部门门户网站均不同程度地公开了与标准有关的信息，且链接有效，占比为96.8%。如北京市质监局网站首页设有地方标准专栏，在地方标准专栏下设有标准补助修订栏目、标准修订信息和标准文本的征求意见稿等信息；部分地区在政府信息公开目录中设有标准化栏目，如福建省；山西省质监局网站内设机构栏目下设有标准化处栏目，在标准化处栏目下设标准查询等一系列与标准有关的栏目，标准查询栏目公布了推荐性地方标准文本全文，且该网站公开了标准的征求意见稿、标准发布公告、标准废止公告等标准制修订信息，网站还设有标准意见征集栏目。另外，山东省、广东省、贵州省、河南省的质监局网站可以直接链接到标准信息化平台，便于查找标准等信息。

第二，设有省级标准信息平台。各地的省级标准信息公开平台使用的名称不尽相同，如首都标准网、江西标准化等。一般省份的标准信息公开平台为 XX 标准信息服务网或者 XX 标准信息服务平台，如广东省标准信息公共服务平台、重庆市标准信息服务网、四川省地方标准信息平台、云南省标准化信息传递服务平台等；或者称为"标准××馆"，如山东省标准馆、河北省标准图书馆。

②省级质监部门公开的标准信息内容较为完备

第一，标准文本可预览或可下载。例如，湖南省标准信息公共服务平台可免费在线查阅和免费下载推荐性地方标准文本 PDF 版；辽宁省质监局网站公布了推荐性地方标准，且供浏览和下载；黑龙江省质监局、江苏省质监局网站公布了强制性地方标准文本和推荐性地方标准文本，且强制性地方标准文本可供下载；贵州省质监局可免费在线查阅和免费下载推荐性地方标准文本 PDF 版。

第二，公开的标准文本题录信息完备。标准文本题录信息包括：标准号、标准中文名称、发布日期、发布部门、标准分类号等信息内容。从调研情况来看，除 3 家未公开标准文本、1 家无法进入标准信息平台外，在公开地方标准文本的 27 家调研对象中，有 17 家公开的标准题录信息完备，占比为 54.83%。

第三，不少地方标注了标准文本的时效。部分省级标准信息服务平台在所公开的标准目录中标注了标准的状态。例如，贵州省质监局网站公开的地方标准目录信息对标准信息标注为"现行有效"；辽宁省质监局网站设置的标准检索栏目中则对已作废的标准标注了状态。

③部分省份公开了标准制修订信息

对标准制修订信息公开的调研，主要从是否有标准立项前公示信息、是否有标准计划公告、是否有标准意见征集稿、是否有标准发布公告、是否有标准废止公告、是否有标准复审结果六个方面来考察。在 31 家调研对象中，有 20 家发布了标准发布公告，21 家发布了标准废止公告，占比分别为 64.5%、67.7%。其中，北京市质监局和陕西省质监局公布了全部上述六项内容。辽宁省标准化信息公告服务平台设置了标准征集意见栏目。上海市质监局通知公告里对推荐性地方标准集中清理结果进行了公示；同时，对地方标准制修订立项指南进行了公示。

④标准的检索功能配置较好

配置专门的检索功能，有助于公众在网站上快速检索到所需的标准。江苏省质量和标准化研究院网站设置了"标准搜索"功能，将标准全文、标准计划、标准公告等栏目都放在该搜索的高级选项中；同时，该页面末端配有"手机标准搜"二维码和"QQ交流群"二维码，顺应互联网潮流，充分利用移动客户端的便捷、高效等传播特点，为公众服务。江苏省公开的地方标准内容比较丰富，不仅有标准文本题录信息、标注标准状态、废止日期、页数、中国标准分类、国际标准分类、适用范围等详细信息，同时设置若干子栏目，如对修订计划、征求意见稿等标准相关信息都设置了相应栏目。

（2）地方标准公开存在的问题

①多个平台公开标准信息

在调研的 31 个地方中，各省级部门都设有相关的标准信息平台；但有的在省级质监局网站同时还设有标准化栏目，并公开了标准方面的信息，而有的省份的地方标准信息分别公开在多个网站平台上，令公众难以识别哪个更权威、更准确。例如，黑龙江省的标准信息分别发布在黑龙江省质量与标准化信息网、黑龙江标准化研究院网站、标准信息网—黑龙江标准馆上。四川省和云南省分别有两个标准信息平台，分别是四川省标准文献信息资源服务平台（四川标准馆）和四川省地方标准信息平台，以及云南省标准化信息传递服务平台和云南标准化服务信息网。四川省地方标准信息平台和四川省标准文献信息资源服务平台（四川标准馆）两个网站重复设置的栏目有标准公告、标准废止、标准检索（标准查询）、标准新闻（标准资讯）等栏目。四川省标准文献信息资源服务平台（四川标准馆）还存在信息发布混乱的情况，例如，标准制修订计划应放在标准制修订栏目中，但是却放在政策管理栏目中。这样极易造成信息重发、漏发等现象，也不方便公众查找信息。

②标准制修订信息公布不完备

在 31 家调研对象中，有 20 家没有公开标准立项前公示信息，占比 64.5%；18 家没有公开标准计划公告，占比 58.1%；17 家没有公开标准意见征集稿，占比 54.8%；24 家没有公开标准复审结果，占比 77.4%；公布的制修订信息内容中一共包含六项内容，但公布四项或四项以上调研指标所涉及内容的仅有 8 家，占比 25.8%。

③公开的标准内容不完备或者信息滞后

此次调研的内容包括三方面：第一，标准栏目的设置情况；第二，标准文本公开内容及方式；第三，标准制修订信息情况。在 31 家调研对象中，没有一家能够完全公开上述三项内容。有的调研对象公开的标准信息严重滞后，有关内容长期未更新，如吉林省质监局网站的标准化处栏目中发布的是 2012 年的信息。

④部分地方的平台对查询信息设有限制

在 31 家调研对象中，湖北省、广东省 2 家需要注册会员方可对标准文本进行查阅或购买，这严重影响标准的传播和有效利用，浪费公众的时间和精力。对于不善于使用电子设备的公众而言，上述行为严重限制了公众获取标准的可能性。

（三）政府主导制定的标准的出版发行

调研发现，国家标准、行业标准、地方标准均通过出版发行的方式进行公开，但又有一定的差异。课题组于 2017 年 8 月 23 日到 2017 年 9 月 15 日，通过咨询及向国家标准化管理委员会、国家质量监督检验检疫总局、有行业标准化组织制定权限的国务院组成部门及 31 家省级质监局提交政府信息公开申请的方式，了解其委托出版社出版国家标准、行业标准、地方标准等情况。① 从收到的有效答复内容来看，大部分地方政府未委托过出版社出版地方标准。

---

① 向国家标准化管理委员会提出的申请内容为：第一，国家标准化管理委员会每年因掌握各类标准版权的资金收入及使用情况；第二，2016 年、2017 年每年标准销售收入反哺标准制修订的金额情况，并告知从中国标准出版社反哺给国家标准化管理委员会的程序和途径；第三，2016 年、2017 年每年用于开发、研究、制定、修订国家标准产生的经费的预算及 2016 年、2017 年每年用于开发、研究、制定、修订国家标准产生的经费决算。国家标准化管理委员会均对以上申请作出了答复。向 17 家有组织制定标准权限的国务院组成部门及国家质量监督检验检疫总局提出的申请内容为：第一，国务院组成部门及直属机构委托指定的出版社出版行业标准的法律、法规、规章及规范性文件等依据；第二，2016 年全年及 2017 年上半年，部委向其委托的出版行业标准的出版社提供的出版补助经费情况，以及 2016 年全年接受委托的出版社将销售标准获得的收入反哺给部委用于标准制修订的情况。17 家国务院组成部门及国家质量监督检验检疫总局均对申请内容作出了回复，除住建部和教育部回复内容为需要履行补正程序外，其余 15 家均对申请内容作出了答复。向 31 家省级质监局统一提出的申请内容为：第一，省级质监局委托指定的出版社出版地方标准的法律法规规章及规范性文件依据；第二，2016 年全年及 2017 年上半年，省级质监局向其委托的出版地方标准的出版社提供的出版补助经费情况，以及 2016 年全年接受委托的出版社销售标准获得的收入情况及将收入反哺给省级质监局用于制修订地方标准的情况。31 家省级质监局中，除山西省因未通过网页及电子邮件方式申请成功及江苏省要求按照一事一申请的方式，重新提交申请外，有 22 家对申请内容作出了答复。

例如，云南省地方标准备案后，由云南省标准化研究院制作标准电子出版物，并在标准备案后将标准电子出版物及相关信息录入云南省标准信息服务平台（供公众免费查询），云南省标准化研究院向标准起草单位、有关标准化技术委员会或技术归口单位赠送电子出版物，标准起草单位按照提供在云南省标准信息服务平台上的标准电子出版物可自行制作标准纸质文本。再如，陕西省不委托出版社出版标准，只是由该省财政厅公开招标的专业印刷厂印刷，并由省标准化研究院标准化馆收藏，供公众免费查阅使用。同时，国家标准与大部分行业标准存在委托指定的出版社出版标准的情况。个别国务院部门目前未委托指定的出版社，如国家质量监督检验检疫总局表示，其相关行业标准出版和印刷工作通过公开招标与中标单位签订出版和印刷《技术服务合同书》开展。

四　政府主导制定的标准应免费公开

目前通过网站公开政府主导制定的标准主要有以下三种情况：第一，网站公开了标准文本，但是文本会注明仅供参考，须以正式标准出版物为准；第二，网站提供的标准文本电子版本需公众付费购买，且该文本依然是仅供公众参考的非正式文本；第三，网站公开标准文本的部分内容，公众如需查看标准文本的全部内容，则须付费购买。这使标准公开的效果大打折扣。

现阶段有以下观点认为标准文本不能通过网站平台公开等方式免费向公众提供。第一，按照国际通行惯例，标准享有专有出版权，不能随意通过网络传播。第二，《最高人民法院知识产权审判庭关于中国标准出版社与中国劳动出版社著作权侵权纠纷案的答复》认为，强制性国家标准应当公开，不受

《著作权法》的保护，推荐性国家标准为非技术法规，应受《著作权法》的保护。第三，《关于进一步加强标准版权保护规范标准出版发行工作的意见》及《标准网络出版发行管理规定（试行）》规定，标准网络出版发行单位为中国标准出版社，任何单位及个人不得将标准全文刊登在公共网络和其他出版物上。①

但结合标准的地位、作用，以及对国内外标准化管理体系的分析，可以发现，在中国，政府主导制定的标准具有显著的公开属性，理应免费向社会公开。

（一） 政府主导制定的标准具有公共属性

中外迥然不同的标准制定管理体系表明，民间机构制定的标准与政府主导制定的标准在属性上截然不同，前者具有明显的私有属性，而后者则具有公共属性。

在私人主导的标准化管理体系下，域外标准化

---

① 《标准网络出版发行管理规定（试行）》第 2 条："从事标准网络出版发行活动，适用本规定。"第 5 条："国家标准化管理委员会授权中国标准出版社为标准网络出版发行单位，享有标准网络专有出版权。未经授权的任何单位和个人，不得从事标准网络出版发行活动。"第 7 条："标准网络出版发行单位应建立网络出版发行中央网站服务系统，采取有效技术措施，保护标准的版权，努力提高标准网络出版发行服务质量。"

活动由市场驱动、社会参与，强调市场化运作机制。标准研发制定主体为自发性、自愿性、非政府性的私营民间组织，其经费来源主要为会员会费赞助及标准销售等商业化活动收入。因此，域外标准化组织及其产生的标准姓"私"不姓"公"。标准的制定与发布均为非政府行为，标准也非政府产物。标准制定主体的非政府性、标准经费来源的社会参与性直接决定了标准的私有属性。按照谁承担、谁受益原则，域外强调标准应受版权保护，且版权收益归私营制定主体所有。也正是标准的私有属性，决定了国际组织、有关国家制定了完备的标准版权保护政策，通过保护标准版权获得销售利益维系自身运转。

而在中国，政府主导制定的标准姓"公"而不姓"私"。从标准制定管理体制看，政府主导制定的标准是由标准化技术委员会执行政府标准化管理部门下达的标准制修订计划，具体组织专家共同起草，并以政府名义对外发布。政府不仅是标准制定的组织者，而且是标准制定、使用的管理者，而发挥组织管理职能正是其行使公权力的体现。该公权力来源于《标准化法》的明确授权，是基于满足公众对统一的技术或服务规则的公共需求而采用的行政手段。因此，国家标准、行业标准、地方标准是公权力行使下的产物，具有公权属性的色彩。从标准制定的经费来源看，中国的标准化工作是国民经济和社会发展规划的重要组成部分，国家标准、行业标准、地方标准普遍在政府主导下制定完成，制定标准的经费支出由国家财政支持，① 国家财政主要来源于全体公民的纳税，按照谁投资谁受益的原则，国家标准、行业标准、地方标准的受益人应是全体纳税人。因此，政府主导制定的标准具有公共属性，其不属于《著作权法》保护的私权范畴，此类标准的内容应当免费提供给社会公众。当然，这并不排斥有关企业、组织、个人通过对标准文本进行必要加工（如出版）而就其增值部分获得收益，但其前提是公众可以自由、免费获得标准的正式文本。

换言之，在中国，政府主导的标准化活动并非市场化运作模式，不能照搬所谓的国际惯例或者他

① 根据财政部、国家质量监督检验检疫总局、国家标准化管理委员会《国家标准制修订经费管理办法》的规定，中央财政设立标准专项经费用于国家标准的制修订工作。课题组于 2017 年 9 月 12 日到 9 月 25 日期间对财政部、27 家省级财政厅及 4 家直辖市财政局提交了有关国家标准或地方标准制修订工作的财政扶持情况的政府信息公开申请。从收到的答复中获知，国家标准、地方标准的制修订工作均存在政府提供财政支持的情况。如财政部答复内容为，中央财政在国家质量监督检验检疫总局部门预算中会安排国家标准制修订专项经费，主要用于国家强制性标准和推荐性标准补助经费，开展各领域标准化研究和标准实施评估，以及国家标准公告、标准外文版翻译补助、标准化宣贯培训等支出。

国实践中所谓的关于标准版权保护的做法，而应立足于中国国情，推进政府主导制定的标准的公开与分享。在现有的提供国家财政经费扶持国家标准、行业标准、地方标准制定的政策背景下，难以支持通过指定个别出版社出版标准并销售标准出版物的方式来实现对社会公众公开标准文本的做法。

（二）政府主导制定的标准系信息公开范畴

《政府信息公开条例》指出，政府信息是行政机关在履行职责过程中制作或获取的，以一定形式记录、保存的信息，且行政机关对涉及公民、法人或者其他组织切身利益的、需要社会公众广泛知晓或者参与的政府信息都应当主动公开。① 据此，完全可以认定政府主导制定的标准属于政府信息，应当受政府信息公开制度的约束。

第一，从主体来看，政府主导制定的标准的制定主体为行政机关。根据《标准化法》第 6 条、第 12 条，《标准化法实施条例》第 12 条，《行业标准管理

① 《政府信息公开条例》第 2 条："本条例所称政府信息，是指行政机关在履行职责过程中制作或者获取的，以一定形式记录、保存的信息。"第 9 条："行政机关对符合下列基本要求之一的政府信息应当主动公开：（一）涉及公民、法人或者其他组织切身利益的；（二）需要社会公众广泛知晓或者参与的；（三）反映本行政机关机构设置、职能、办事程序等情况的；（四）其他依照法律、法规和国家有关规定应当主动公开的。"

办法》第6条、第7条、第8条、第10条、第16条，《地方标准管理办法》第15条，《国家标准化管理委员会职能配置内设机构和人员编制规定》及地方省级自行制定的"本省地方标准管理办法"等的规定，国家标准由国家标准化管理委员会组织制定发布。其中，绝大部分国家标准由国家标准化管理委员会承担发布职能，其余部分国家标准由国家标准化管理委员会联合部分国务院部门发布或由国务院部门单独发布。行业标准的制定发布权限归属国务院部门。地方标准制定发布等工作则主要由省级政府质监部门负责。

第二，从内容来看，政府主导制定的标准是政府机关在履行职责中制作或获取的。行政机关依照法定职权从事的任何活动都是履行管理职责的有机组成部分，都应当按照国家有关规定，在不涉密、不危害管理秩序等的前提下主动向社会公开有关信息，接受社会监督。国家标准、行业标准、地方标准的形成均要历经标准计划项目建议的提出，标准制修订计划的下达，标准草案征集意见汇整，完成报批稿送审，批准发布标准报批稿到最终成为国家标准、行业标准、地方标准六大阶段。在此过程中，标准化行政主管部门始终充当组织者及管理者的角色，这正是《标准化法》要求的标准化行政主管部门的职责所在。①

第三，从制定目的来看，政府主导制定的标准旨在维护国家和人民的利益，为经济社会发展、生产生活服务提供统一的规则。这与《政府信息公开条例》中"发挥政府信息对公众生产、生活和经济社会活动的服务作用，保障公众对政府信息知情权"的立法精神是相契合的。

《政府信息公开条例》第9条以"列举+兜底条款"的形式确定了政府信息主动公开的范畴，其中，涉及公民、法人或者其他组织切身利益的及需要社会公众广泛知晓或者参与的都应当主动公开。② 政府主导制定的标准与人民群众的生活和广大企业的生产经营息息相关，让社会公众广泛知晓、参与并适用这些标准，不仅关乎公众知情权的实现，还影响到公民、法人或其他组织在生产、生活中的切身利益，更关系到制造业、服务业水平的不断提升。

其一，国家标准、行业标准、地方标准调整的普遍是与技术、服务标准相关的不特定的生产经营

① 参见《国家标准管理办法》第7条、《行业标准管理办法》第8条、《地方标准管理办法》第15条的规定。

② 《政府信息公开条例》第9条："行政机关对符合下列基本要求之一的政府信息应当主动公开：（一）涉及公民、法人或者其他组织切身利益的；（二）需要社会公众广泛知晓或者参与的；（三）反映本行政机关机构设置、职能、办事程序等情况的；（四）其他依照法律、法规和国家有关规定应当主动公开的。"

活动。从标准的使用范围来看，国家标准要求在全国范围内统一实施，行业标准需要在全国某个行业范围内适用，地方标准需要在省、自治区、直辖市范围内适用。其中，国家标准中的强制性标准无异于强制性法规，不达标即可能导致产品、服务不达标，即便是推荐性标准也对企业具有明确的指引作用。因此，其制修订均只有建立在公众知晓的基础上，才能真正具有普适性；只有将其免费公开才能为社会公众充分适用来满足其对生产生活的指导需求。其二，政府主导制定的标准以关注民生为起点，以服务社会公益为目标，以向公众提供指导性规则为基本要求。根据《国家标准管理办法》《行业标准管理办法》《地方标准管理办法》《深化标准化工作改革方案》的规定，政府主导制定的标准涵盖社会公益事业，重点集中在资源环境保护、产品服务质量、公共安全、生产安全、食品药品安全、教育及文化等领域。以政府主导制定的强制性标准为例，其普遍事关公共安全与公共健康的生产、建设。而《政府信息公开条例》第 10 条列举的各级政府重点公开的内容包括公共卫生、安全生产、食品药品、产品质量等关系公众人身健康安全的信息。从 2012 年到 2017 年，国务院办公厅连续 6 年发布政府信息公开或政务公开工作要点，都把推进食品药品安全领域信息公开及推进环境保护信息公开作为重点领域信息公开工作的对象。可以说，《政府信息公开条例》和国务院办公厅文件要求重点公开的与人身健康安全密切相关的信息，均关系着公众利益，故做好政府主导制定的标准，尤其是各类强制性标准的公开，既是切实保障人民群众基本权益的根本要求，也是落实政府信息公开要求的题中之义。

因此，就如同法律、法规、规章乃至各级政府制定的具有普遍约束力的规范性文件均应免费向社会主动公开一样，政府主导制定的标准也应当免费向社会主动公开。

（三）指定专门出版社出版标准涉嫌违法

出版社基于政府指定而获得标准专有出版权的情形非但不合理，而且有违法之嫌。

第一，部分部门规章及规范性文件关于标准专有出版权的规定与其上位法——《著作权法》的规定不符。根据《著作权法》第31条的规定，专有出版权是出版社通过合同从作者（著作权人）手中继受取得。首先，作品本身有著作权时，才能通过合同约定出版作品的出版单位有专有出版权。而政府主导制定的标准不受《著作权法》保护，自然不存在专有出版权的问题，正如法律、法规及各种政府文件不受《著作权法》保护一样，其出版并非必须由某一特定的出版社出版，而是具有出版资质的出版社都可以出版。标准化审批部门没有权限通过合同直接约定某个出版社享有专有出版权。其次，对专有出版权只能通过签订合同的形式加以约定，以行政授权的方式指定某个出版社有专有出版权无法律支持。因此，无论以何种方式来确定某个出版社有政府主导制定的标准的专有出版权都不合理。

第二，政府部门直接指定标准出版社的做法涉嫌滥用行政权力。《中华人民共和国反垄断法》规定了行政机关在行使职权中的禁止性规定，即不得滥用权力排除、限制竞争及制定有排除、限制竞争内容的规定。《标准出版管理办法》以部门规章的形式规定了特定出版单位享有专有出版资格，排除了其他出版单位的出版机会，这显然属于滥用行政权力排除、限制竞争的行为，有违法嫌疑。

第三，标准出版反哺标准研发的制度设计没有发挥应有作用。政府主导制定的标准是政府强化社会管理、发挥公共服务职能的表现，各级财政应统筹安排标准化工作经费，保证政府主导制定标准的供给。《标准化"十一五"发展规划》虽然提出通过标准销售及咨询服务，建立反哺标准制修订工作的机制，但有关部门就课题组依申请公开所作出的答复显示,① 其未收到过相关出版机构因出版标准而反哺的费用。这意味着该反哺机制并没有真正得到贯彻,实践中有的部门甚至为了出版标准文本还要向出版社提供出版补助经费。

第四,标准专有出版权的授予涉嫌违反政府信息公开义务。《政府信息公开条例》第 27 条规定,行政机关提供政府信息"不得通过其他组织、个人以有偿服务方式"提供。但关于标准专有出版的部门规章及规范性文件,并未配合《政府信息公开条例》的实施而进行修改,在行政配置标准专有出版权的背景下,公众仍须通过有偿付费的方式获得该政府信息内容,显然违反了无偿公开政府信息的上述法定义务。

---

① 国家标准化管理委员会针对"标准销售收入反哺情况等"申请作出的答复是"该信息不存在",国务院组成部门对此作出的答复均是不存在反哺的情况。

五 展望：推动标准公开工作的着力点

推进政府主导制定的标准的免费公开是一个循序渐进的过程，建议以统一标准免费公开观念、完善标准公开法律制度、出台标准公开工作的实施细则、优化标准公开平台建设为思路，逐步推动网站免费公开正式标准文本等标准信息，并改变"国家标准、行业标准、地方标准专有出版权"等不合理规定。

（一）尽快统一标准公开的认识观念

统一认识及观念是推动政策、制度落地的起点，确立正确的标准公开观念是做好政府主导制定的标准向社会免费公开工作的前提。推行国家标准、行业标准、地方标准免费公开必须统一标准公开工作中的认识。

正如前文所述，中国与其他国家和地区的标准化管理体制存在巨大差异。在中国，政府主导制定的国家标准、行业标准、地方标准普遍在政府主导下完成，制定标准的经费主要依靠国家财政支持，这决定了政府主导制定的各类标准具有"公"的性质，应当免费向公众公开标准文本。无论是否属于强制性标准，或者是否属于技术法规，政府主导并出资制定的标准，都因为具有公共属性而应当免费向社会公开。所以，近年来国务院办公厅先后推出《深化标准化工作改革方案》及两个阶段的实施方案（即《贯彻实施〈深化标准化工作改革方案〉行动计划（2015—2016年)》和《贯彻实施〈深化标准化工作改革方案〉重点任务分工（2017—2018年)》），国家标准化管理委员会制定了《推进国家标准公开工作实施方案》，上述实施方案以及《标准化法》（修订草案）（二次审议稿）均不同程度地提出政府主导制定的标准的免费公开。因此，在政府主导制定的标准的免费公开工作中应统一以下认识。

第一，应明确政府主导制定的标准具有公共属性，属于政府信息公开范畴的定位。应准确判定标准可公开范围，做好保密审查工作，对于采纳国际标准或者他国标准的标准及涉及专利的标准，应在遵守国际（国外）标准化组织版权政策或不侵犯专利权的前提下公开。

第二，厘清与国际（国外）标准化组织关于标准著作权保护机制的区别，明确《著作权法》保护的标准范畴。国际标准化组织及大多数发达国家标准化组织姓"私"不姓"公"，而在中国，具有国家背景的国家标准、行业标准和地方标准则不受《著作权法》保护。因此，不可一味照搬域外有关标准版权保护的实践，而忽视中国国情。

（二）适时修改标准公开的法律制度

标准化工作开展以来，国内一直对标准是否免费公开、标准是否受《著作权法》保护及标准的专有出版权保护问题，缺乏法律、行政法规层面的明确规定，而一些部门规章、地方政府规章及标准化行政管理部门的规范性文件过时老化，与现行法律法规冲突，这造成了理论界、实务界甚至行政机关与司法机关等不同部门之间的认识差异，影响标准通过互联网免费公开的效果。

中国有关标准出版问题的政策文件带有很强的时代背景，是计划经济向市场经济转型过程中不可缺少的行政监管制度。国家授予出版社行政特许的初衷是为了保证标准发布的权威性、准确性与及时性，便于领导、监督标准的出版工作。然而，目前中国已经进入社会主义市场经济阶段，计划经济体制下产生的标准出版的制度显然已不合时宜而亟待改变。因此，借助此次《标准化法》的修订工作，加快配套的规章、规范性文件的立改废工作，完善标准化法治体系建设势在必行。

一是以法定的形式明确并统一对相关争议问题的认识。尤其是应尽快修订与时代发展不相符的有关标准出版发行管理的部门规章、规范性文件，明确取消标准的专有出版权的表述与规定，并增加规范标准出版等规定。标准的传播与推广可通过多种载体和形式，出版发行只是其中的一种途径。公众应可自由选择是通过浏览政府网站免费查询的方式，还是通过购买标准出版物的方式来获取标准文本。出版社可通过市场竞争的方式（如以公开招投标购买服务的方式）进入标准发行市场，获得出版资格。对于专业性极强的标准，则应经过法定的程序由特定出版社出版，建议在修订标准出版管理的规章及规范性文件时，对此作出具体规定。

二是协调推动各有关部门及各地方标准公开工作，鼓励制定行业标准公开、各地方标准公开的指导意见。

三是确定政府主导制定标准的公开原则、公开范围、公开方式等。正确处理政府主导制定标准的公开与受版权保护标准的不公开的关系，坚持政府主导制定标准的信息公开、透明及共享原则。在公开范围上，除了向社会公开政府主导制定标准的全文外，还应公开标准制修订过程信息等。在公开方式上，不仅使公众能免费阅读，还提供下载功能。与此同时，为避免标准文本在传播的过程中有被篡改的嫌疑，可对电子版文本进行技术处理，例如在每页加入标准管理信息的水印，形成特定的格式，使其不能被删除。

（三）出台标准公开工作的实施细则

中国的标准化工作开展已久，《政府信息公开条例》从实施到现在也已将近 10 年，而国家标准、行业标准、地方标准的公开却未紧跟政府信息公开的步伐。推动国家标准公开只是近年来的事情，"行业标准、地方标准的公开，应参照《推进国家标准公开工作实施方案》中对国家标准公开的要求"，是 2017 年提出的新导向，但又因对于行业标准、地方标准如何公开、公开哪些内容缺乏具体的细则规定，致使公开进展参差不齐。此外，标准文本的免费公开也是在 2015 年《深化标准化工作改革方案》中首次提出。

互联网时代下，社会公众对快速获取信息有着极高的要求。出版政府主导制定标准的文本是公开标准的一种途径，但由专有出版社出版标准并不符合社会发展的要求，更远远无法满足公众及时、免费获取公益性标准信息的需求。政府网站作为对外发布政府信息的权威平台，其在公布信息方面具有便捷、高效等优点。因此，通过政府网站公开正式的标准文本本应没有任何障碍，但是通过互联网公开标准文本的工作缺乏具体实施细则的指引，导致此项工作长期进展得不够理想。

因此，有必要适应互联网环境下对标准免费公开的新要求，结合"互联网＋"和信息化发展的需求，出台标准公开方面的实施细则，明确公开方式、公开内容等，指导标准公开工作。

（四）加强优化标准公开的平台建设

标准公开平台是互联网时代标准公开的载体，网站建设是否友好、是否高效、是否便捷、是否实用，直接关系到标准免费公开的效果以及群众的满意度。政府主导制定的标准的公开平台建设是一项系统工程，需要有步骤、有秩序地推进，在完成多层级标准免费公开平台高质高效的基础上，推动集约化标准免费公开平台建设，最终向"一站式"服务平台过渡。

国家标准全文公开系统无论是平台建设、运营，还是标准文本等信息的公开，都做得较为理想。而行业标准、地方标准的公开因缺乏具体的规范指引，公开得较为混乱。因此，优化国务院行政主管部门标准化网站、改善地方标准信息平台是今后推进标准免费公开工作的重心。

具体而言，应以形式友好性及内容完备性为目标，提升标准免费公开平台的质效。

第一，完善标准公开栏目建设，精确分设专栏层级。例如，可按照标准的不同领域、标准实施时效等进行分类。同时，可通过高级组合搜索功能提升标准检索的效率。对于主导制定行业标准的国务院组成部门及直属机构而言，首先，门户网站或标准信息平台应设置"标准制修订"及"标准文本"等公开专栏，为便于查询，除了将标准制修订栏目、标准文本分类，以快速查到信息外，还应增强组合搜索功能。其次，栏目设置具有排他性，应明确栏目定位，正确放置信息。例如，标准制修订栏目应涵盖标准从立项到废止的所有信息，排除与标准制修订无关的信息。再次，公开的国家标准或行业标准文本应有可浏览及可下载功能，方便公众使用。最后，对于一些未在其门户网站公开，而在其下属的司局网站公开的，应添加网站说明书或将司局网站公开的标准文本链接放在门户网站的醒目位置上。

对于主导制定地方标准的省级质监部门而言，

一方面，应精简整合地方标准化信息平台，明确平台之间的功能定位差异，避免重复建立，浪费建设资源；另一方面，从便捷性角度出发，网站进入方式应避免设置烦琐程序——如会员注册等方式，其实是为公众第一时间获得标准公开信息上了一道枷锁。因此，在网站平台建设时，应确保公众进入信息开放平台的渠道畅通。

第二，结合公众需求及地方实际，确定公开内容清单。建议行业标准及地方标准公开参照《推进国家标准公开工作实施方案》关于国家标准公开内容的规定，一方面，研究制定公开的内容清单，不仅公开标准文本及完整的标准题录信息，还要公开标准制修订信息，包括标准立项前公示信息、标准计划公告、标准征求意见稿、标准发布公告、标准废止公告、标准复审结果等，满足公众对标准制修订程序的知情权需求；另一方面，也要结合当地的实际情况，探索标准文本、标准制修订信息这些基本公开之外的公开内容。

第三，待国家标准、行业标准、地方标准公开的平台日趋成熟之时，探索建设统一规范的政府主导制定标准的公开信息网站，推进国家、行业、地方标准的信息交换和资源共享，为公众提供标准信息的"一站式"查询、获取服务。

附件一 国家标准文本公开情况

标准等级		国家标准查询平台及网址	网站公开国家标准文本情况
国家标准	国家标准化管理委员会	国家标准全文公开系统平台：http：//www. gb688. cn/bzgk/gb/index	公开强制性标准与推荐性标准文本全文，并可在线浏览及下载
	国家卫计委	卫生标准网：http：//wsbz. nhfpc. gov. cn/wsbzw/	公开强制性标准与推荐性标准文本全文，并可在线浏览及下载
	环境保护部	环境保护部科技标准司—环境保护标准平台：http：//kjs. mep. gov. cn/hjbhbz/	公开强制性标准与推荐性标准文本全文，并可在线浏览及下载
		国家环境保护部数据中心—国家环境保护标准平台：http：//data-center. mep. gov. cn/index！Menu-Action. action？ name＝402880fb250ac78001250acb2c730012	同上（链接到科技标准司—环境保护标准平台）
	住房和城乡建设部	住房和城乡建设部门户网站：http：//www. mohurd. gov. cn/index. html	未公开强制性标准与推荐性标准文本全文
		国家工程建设标准化信息网：http：//www. ccsn. gov. cn/	公开强制性标准与推荐性标准文本强制性条文部分，只可在线浏览
		国家工程建设标准体系平台：http：//59. 151. 31. 186/bztx/	未公开强制性标准和推荐性标准文本全文
		工程建设标准强制性条文检索平台：http：//qt. ccsn. gov. cn/Web-Site/Default. aspx	公开强制性标准文本部分条文，并可在线浏览及下载

续表

标准 等级		国家标准查询平台及网址		网站公开国家 标准文本情况
国家标准	农业部	中国农业质量标准网：http：//www. caqs. gov. cn/	全国农业食品标准公共服务平台：http：//www. sdtdata. com/fx/fmoa/tsLibList/Q01	公开强制性标准文本全文，并可在线浏览及下载
		农业部农业标准化网：http：//www. agristd. org. cn/bzjtx/gjbz/		公开个别标准文本全文，国内农业标准分类查询网站链接无效，页面打不开

（注：网站公开情况统计截止到 2017 年 9 月 20 日。）

附件二 行业标准文本公开情况

标准等级	国务院部门及直属机构	行业标准公开平台及网址	网站公开行业标准文本情况
行业标准	国家发展和改革委员会	国家发展和改革委员会门户网站：http：//www. ndrc. gov. cn/	未公开强制性标准与推荐性标准文本全文
	教育部	教育部门户网站：http：//www. moe. gov. cn/	未公开强制性标准与推荐性标准文本全文
	工业和信息化部	工业和信息化部科技司网站：http：//www. miit. gov. cn/n1146285/n1146352/n3054355/n3057497/index. html	公开强制性标准与推荐性标准文本全文，并可在线浏览及下载
	公安部	公安部门户网站：http：//www. mps. gov. cn/	未公开强制性标准与推荐性标准文本全文
	民政部	民政部门户网站：http：//www. mca. gov. cn/	公开强制性标准与推荐性标准文本全文，并可在线浏览及下载
	司法部	未公布标准信息	未公开强制性标准与推荐性标准文本全文
	人力资源和社会保障部	人力资源和社会保障部规划科技司网站：http：//www. mohrss. gov. cn/ghcws/	未公开强制性标准与推荐性标准文本全文
	国土资源部	国土资源部科技与国际合作司网站：http：//www. mlr. gov. cn/kj/	公开强制性标准与推荐性标准文本全文，并可在线浏览及下载
	环境保护部	环境保护部科技标准司—环境保护标准平台：http：//kjs. mep. gov. cn/hjbhbz/	公开强制性标准与推荐性标准文本全文，并可在线浏览及下载

续表

标准等级	国务院部门及直属机构	行业标准公开平台及网址		网站公开行业标准文本情况
行业标准	环境保护部	国家环境保护部数据中心—国家环境保护标准平台：http：//data-center. mep. gov. cn/index！MenuAction. action？name=402880fb250ac78001250acb2c730012		同上（链接到科技标准司—环境保护标准平台）
	住房和城乡建设部	住房和城乡建设部门户网站：http：//www. mohurd. gov. cn/index. html		未公开强制性标准与推荐性标准文本全文
		国家工程建设标准化信息网：http：//www. ccsn. gov. cn/		公开强制性标准与推荐性标准文本强制性条文部分，只可在线浏览
		国家工程建设标准体系平台：http：//59. 151. 31. 186/bztx/		未公开强制性标准和推荐性标准文本全文
		工程建设标准强制性条文检索平台：http：//qt. ccsn. gov. cn/WebSite/Default. aspx		公开强制性标准文本部分条文，并可在线浏览和下载
	交通运输部	交通运输部门户网站—水路运输建设综合管理信息系统—水运工程行业标准公开专栏：http：//wtis. mot. gov. cn/syportalapply/sys-noticezl/		公开强制性标准与推荐性标准文本全文，并只可下载
	水利部	水利部国际合作与科技司网站：http：//gjkj. mwr. gov. cn/jsjd1/bzcx/		未公开强制性标准与推荐性标准文本全文
	农业部	农业部门户网站：http：//www. moa. gov. cn/		公开强制性标准与推荐性标准文本全文，部分可在线浏览及下载，部分只可下载
		中国农业质量标准网：http：//www. caqs. gov. cn/	全国农业食品标准公共服务平台：http：//www. sdtdata. com/fx/fmoa/tsLibList/Q01	公开推荐性标准文本全文，并可在线浏览及下载
		农业部农业标准化网：http：//www. agristd. org. cn/bzjtx/gjbz/		公开个别推荐性标准文本全文，国内农业标准分类查询网站链接无效，页面打不开
	商务部	商务部门户网站：http：//www. mofcom. gov. cn/		未公开强制性标准与推荐性标准文本全文

续表

标准等级	国务院部门及直属机构	行业标准公开平台及网址	网站公开行业标准文本情况
行业标准	文化部	文化部门户网站：http：//www.mcprc.gov.cn/	公开推荐性标准文本全文，部分只可在线浏览，部分只可下载
	国家卫生和计划生育委员会	卫生标准网：http：//wsbz.nhfpc.gov.cn/wsbzw/	公开强制性标准与推荐性标准文本全文，并可在线浏览及下载
	中国人民银行	中国人民银行门户网站：http：//www.pbc.gov.cn/	公开推荐性标准文本全文，并可在线浏览及下载
	国家质量监督检验检疫总局	国家质量监督检验检疫总局：http：//www.aqsiq.gov.cn/	未公开强制性标准与推荐性标准文本全文
	国家食品药品监督管理总局	国家食品药品监督管理总局：http：//www.sda.gov.cn/WS01/CL0001/	公开强制性标准文本全文，部分只可在线浏览，部分只可下载

（注：网站公开情况统计截止到 2017 年 9 月 20 日。）

附件三　地方标准文本公开情况

标准等级	省（直辖市、自治区）	地方标准查询网址	网站公开本省域地方标准文本情况
地方标准	北京市	首都标准网：http：//www.china-std.com/sbw/bzdt.jsp	强制性标准与推荐性标准既可浏览也可下载
	天津市	天津市标准化信息服务网：http：//www.tjbz.org.cn/tjbzcms/html/navigation_position！index.action？ouidop＝402881e64a3c537f014a854f10a50002	只公开强制性标准与推荐性标准文本的前三页，全文需要购买
	河北省	标准化图书馆：http：//www.bzsb.info/index.jsp	强制性标准与推荐性标准可通过提供的账号及密码免费预览及下载
	山东省	山东标准信息网：http：//www.bz100.cn/	强制性标准与推荐性标准只可预览
	河南省	河南省地方标准公共服务平台：http：//www.hndb41.com/	强制性标准和推荐性标准既可浏览也可下载
	山西省	山西省质监局：http：//bqts.gov.cn/office/show.action？alias＝bzhc	公开的推荐性标准只可下载
	上海市	上海标准化服务信息网：http：//www.cnsis.org.cn/law/LawQueryServlet？TxtLawNo＝&TxtLawName＝&SelLawType＝1&SelLawSort＝1&CurPage＝	强制性标准与推荐性标准只可下载
	江苏省	江苏省标准服务信息平台：http：//www.bzsou.cn/	强制性标准与推荐性标准只可浏览
	浙江省	浙江省地方标准网：http：//db33.sinostd.com/	强制性标准与推荐性标准既可浏览也可下载

续表

标准等级	省（直辖市、自治区）	地方标准查询网址	网站公开本省域地方标准文本情况
地方标准	安徽省	安徽省标准化服务信息平台：http：//bzxx. ahbz. org. cn/	强制性标准既不可预览也不可下载，推荐性标准可预览也可下载
	福建省	福建省标准信息服务平台：http：//pt. fjbz. org. cn：8060/	公开的地方标准可免费预览
	广东省	广东省标准信息公共服务平台：http：//www. bz360. org/ESA_ Query_ STD/Default. aspx	广东省需要注册会员并登录，且设置了会员等级，只有达到了会员等级才允许浏览和下载
	海南省	海南省质监局：http：//qtsb. hainan. gov. cn/qtsb/yw_ pd/sjcs/bzhc/jgzn_ 30724/	强制性标准和推荐性标准既可浏览也可下载
	黑龙江省	黑龙江省质监局：http：//www. hljqts. gov. cn/ywzt/bzhc/ywllm/dfbz/	强制性标准与推荐性标准只可下载
	吉林省	吉林省质监局：http：//www. jlqi. gov. cn/	公开的推荐性标准只可下载
	辽宁省	辽宁省标准化信息公共服务平台：http：//www. lnsi. org/	公开的推荐性标准可浏览可下载
	青海省	青海省地方标准全文公开系统：http：//125. 72. 41. 89：8008/	强制性标准与推荐性标准只可浏览
	西藏自治区	西藏自治区质量技术监督局公众信息网：http：//xz. standard. org. cn/stdsearch_ xz. asp	没有公开地方强制性标准文本和地方推荐性标准文本
	贵州省	贵州省地方标准查询服务平台：http：//cloud. gzqts. gov. cn/dfbz/index. action	强制性标准与推荐性标准既可浏览又可下载
	广西壮族自治区	广西壮族自治区质监局：http：//www. gxqts. gov. cn/html/ddzhczcdjml/index. html	公开的推荐性标准既可浏览又可下载
	湖南省	湖南地方标准网：http：//db43. hnbzw. com/	公开的推荐性标准可浏览可下载
	湖北省	湖北数字标准馆：http：//www. hbdls. org/	公开的推荐性标准只可预览，未成为系统会员，只能浏览前五页，若需浏览更多，需注册会员并登录
	江西省	江西标准化：http：//www. jxbz. org. cn/	强制性标准与推荐性标准既可浏览又可下载
	新疆维吾尔自治区	新疆标准信息服务网：http：//www. xjbz. org. cn/xjcms/shop/index！index. action	公开的推荐性标准只可浏览

续表

标准等级	省（直辖市、自治区）	地方标准查询网址	网站公开本省域地方标准文本情况
地方标准	内蒙古自治区	内蒙古标准文献共享服务平台：http://www.imisinfo.org.cn/nmbzc-ms/html/navigation _ position! index.action? ouidop = 402881b4379d0c2e01379d0c9e810002	公开的推荐性标准只可浏览
	陕西省	陕西标准质量信息网：http://www.sqis.com/standards/contact.asp	无法显示页面，发生内部服务器错误，无法判断
	甘肃省	甘肃省地方标准全文公开信息平台：http://www.gsdfbz.cn/theme/default/index	强制性标准和推荐性标准只可浏览
	宁夏回族自治区	宁夏标准信息公共服务平台：http://www.nxzj.gov.cn/bjh/index.jhtml	强制性标准和推荐性标准只可浏览
	四川省	四川省地方标准信息平台：http://db.standardsc.org/dfsite/index.jsp	网站未公开地方标准文本，如获全文还须购买
	重庆市	重庆市标准信息服务网：http://bz.cqis.cn/standwebnew/index.aspx	强制性标准和推荐性标准只可浏览
	云南省	云南省标准化信息传递服务平台：http://222.172.223.74：8090/web/guest/index	强制性标准和推荐性标准只可浏览

（注：网站公开情况统计截止到 2017 年 9 月 20 日。）

附件四　部分国务院部门依申请公开答复简要情况

申请对象	申请内容	答复内容（主要为委托出版社、出版补助经费及出版收入反哺情况）
国家发展和改革委员会	2016 年全年及 2017 年上半年，国务院部门因出版本部门制定的行业标准而向受委托出版行业标准的出版社提供的出版补助经费情况，以及 2016 年全年受委托出版行业标准的出版社因售卖标准获得的收入反哺给国务院部门用于标准制修订的情况	2016 年至 2017 年上半年未因出版行业标准而给予出版社相关补助，2016 年上半年也不存在出版社因售卖标准获取收入反哺的情况
教育部		提交申请中所需的信息不明确，请参考《教育部政府信息公开指南》的要求修改补正后重新提交。
工业和信息化部		每次批准发布行业标准的公告中，均明确相关行业标准的出版机构或组织出版单位；未对相关出版机构出版行业标准给予经费补助，也从未收取相关出版机构出版行业标准的费用。
公安部		信息不存在
民政部		未制作或获取"2016 年全年及 2017 年上半年出版行业标准的出版补助经费数额""2016 年全年因售卖标准获得收入反哺制修订标准的数额"有关信息
司法部		信息不存在
人力资源和社会保障部		不是政府信息，不属于政府信息公开范围
国土资源部		由指定的出版社负责行业标准的出版业务；不存在与出版社经费往来

申请对象	申请内容	答复内容（主要为委托出版社、出版补助经费及出版收入反哺情况）
环境保护部		将国家环境保护标准出版工作委托指定的出版社，向社会销售标准铅印本获得的收入自行支配，未计入国家环境保护标准制修订工作经费
住房和城乡建设部		明确申请公开的具体信息内容（如信息名称、文号），每张申请表申请公开一条政府信息。提供所需信息要与自身生产、生活、科研等特殊需要相关的证明材料
交通运输部		委托指定的出版社负责行业标准出版发行工作，该出版社是独立经营的法人主体，未向其提供出版补助，该出版社出版发行所获收入也不需交交通运输部
水利部	2016年全年及2017年上半年，国务院部门因出版本部门制定的行业标准而向受委托出版行业标准的出版社提供的出版补助经费情况，以及2016年全年受委托出版行业标准的出版社因售卖标准获得的收入反哺给国务院部门用于标准制修订的情况	未答复
农业部		申请的信息不属于条例调整范围；农业部批准发布的标准委托某个指定的出版社出版
商务部		未委托相关出版社出版国内贸易行业标准
文化部		不直接向出版社提供出版补助经费（只拨付标准制修订计划项目补助经费，内含出版补助经费），不存在标准销售收入反哺；部所属各全国标准化技术委员会自行选定具有出版资质的出版社出版
国家卫生和计划生育委员会		2016年及2017年上半年，未向标准出版社提供出版补助经费，也未收到过该出版社的"反哺"款
中国人民银行		没有委托过出版社出版行业标准
国家质量监督检验检疫总局		没有关于行业标准出版和印刷的补助性经费，相关行业标准出版和印刷工作通过公开招标与中标单位签订出版和印刷《技术服务合同书》开展；无因售卖行业标准获得的反哺经费
国家标准化管理委员会	国家标准化管理委员会每年因掌握各类标准版权的资金收入及使用情况	信息不存在

续表

申请对象	申请内容	答复内容（主要为委托出版社、出版补助经费及出版收入反哺情况）
国家标准化管理委员会	2006—2017 年每年标准销售收入反哺标准制修订的金额情况，并告知从标准出版社反哺给国标委的程序和途径	信息不存在

（注：依申请答复情况统计截止到 2017 年 10 月 26 日。）

附件五 省级质监局依申请 公开答复简要情况^①

省（直辖市、自治区）	申请内容	答复内容（主要为委托出版社、出版补助经费及出版收入反哺情况）
北京市	2016 年全年及 2017 年上半年，省级质监局向因出版其制定的行业标准而向受委托的出版地方标准的出版社提供的出版补助经费情况，以及 2016 年全年受委托出版地方标准的出版社因售卖标准获得的收入反哺给省级质监局用于制修订地方标准的情况	未委托出版社出版北京市地方标准
天津市		无答复
河北省		未委托出版社出版河北省地方标准
山东省		未委托出版社出版山东省地方标准
河南省		未委托出版社出版河南省地方标准、无出版收入反哺
山西省		未知
上海市		有委托出版社出版上海市地方标准的情况，出版社未与本机关发生标准销售的报酬支付等经济关系，该委托不涉及出版费用支付
江苏省		要求按照一事一申请的方式，重新提交申请
浙江省		未指定过相关出版社从事浙江省地方标准的出版工作，也未有相关销售地方标准文本行为

---

① 优先以网页申请、电子邮件申请的方式向省级质监局提交政府信息公开申请，除了个别省级质监局要求的只能以信函邮寄的方式申请外。

续表

省（直辖市、自治区）	申请内容	答复内容（主要为委托出版社、出版补助经费及出版收入反哺情况）
安徽省		无答复
福建省		未委托出版社出版福建省地方标准
广东省		未委托出版社出版广东省地方标准
海南省		未委托任何出版社出版、发行海南省地方标准，因此，没有向任何出版社提供出版补助经费，没有出版社因售卖地方标准获得收入，也没有地方标准收入用于地方标准制修订工作等事项
黑龙江省		未委托出版社出版黑龙江省地方标准，没有任何出版发行收入
吉林省		无答复
辽宁省	2016年全年及2017年上半年，省级质监局向因出版其制定的行业标准而向受委托的出版地方标准的出版社提供的出版补助经费情况，以及2016年全年受委托出版地方标准的出版社因售卖标准获得的收入反哺给省级质监局用于制修订地方标准的情况	未委托出版社出版辽宁省地方标准
青海省		未委托出版社出版青海省地方标准
西藏自治区		无答复
贵州省		未委托出版社出版贵州省地方标准
广西壮族自治区		未委托出版社出版广西壮族自治区地方标准
湖南省		未委托出版社出版湖南省地方标准，无地方标准销售收入
湖北省		未委托出版社出版湖北省地方标准
江西省		未委托出版社出版江西省地方标准
新疆维吾尔自治区		无答复
内蒙古自治区		未委托出版社出版内蒙古自治区地方标准
陕西省		未委托出版社出版陕西省地方标准
甘肃省		无答复
宁夏回族自治区		未委托出版社出版宁夏回族自治区地方标准
四川省		未委托出版社出版四川省地方标准
重庆市		无答复
云南省		未委托出版社出版云南省地方标准

（注：依申请答复情况统计截止到2017年10月26日。）

附件六　现行有关标准的法律法规及规范性文件

发布部门	文件名称	发布文号
全国人大常务委员会	《中华人民共和国标准化法》	主席令〔第 11 号〕
国务院	《中华人民共和国标准化法实施条例》	国务院令第 53 号
原国家（质量）技术监督局	《地方标准管理办法》	国家技术监督局令第 15 号
	《行业标准管理办法》	国家技术监督局令第 11 号
	《国家标准管理办法》	国家技术监督局令第 10 号
国务院	《深化标准化工作改革方案》	国发〔2015〕13 号
国务院办公厅	《〈深化标准化工作改革方案〉重点任务分工（2015—2016 年）》	国办发〔2015〕67 号
	《国家标准化体系建设发展规划（2016—2020 年）》	国办发〔2015〕89 号
	《强制性标准整合精简工作方案》	国办发〔2016〕3 号
	《〈深化标准化工作改革方案〉重点任务分工（2017—2018 年）》	国办发〔2017〕27 号
原国家（质量）技术监督局	《中华人民共和国标准化法条文解释》	国家技监局令第 12 号
原国家（质量）技术监督局，原新闻出版署	《标准出版管理办法》	技监局政发〔1997〕118 号

续表

发布部门	文件名称	发布文号
原国家（质量）技术监督局	《关于强制性标准实行条文强制的若干规定》	质技监局标发〔2000〕36 号
国家质量监督检验检疫总局，国家标准化管理委员会	《关于进一步加强标准版权保护，规范标准出版发行工作的意见》	国质检标联〔2004〕361 号
财政部，国家质量监督检验检疫总局和国家标准化管理委员会	《国家标准制修订经费管理办法》	财行〔2007〕29 号
国家标准化管理委员会	《标准网络出版发行管理规定（试行）》	国标委计划〔2005〕66 号
	《关于国家标准复审管理的实施意见》	国标委计划〔2004〕28 号
	《关于加强强制性标准管理的若干规定》	国标委计划〔2002〕15 号
	《推进国家标准公开工作实施方案》	国标委信办〔2017〕14 号

附件七　中共中央国务院关于开展质量提升行动的指导意见

（2017 年 9 月 5 日）

提高供给质量是供给侧结构性改革的主攻方向，全面提高产品和服务质量是提升供给体系的中心任务。经过长期不懈努力，我国质量总体水平稳步提升，质量安全形势稳定向好，有力支撑了经济社会发展。但也要看到，我国经济发展的传统优势正在减弱，实体经济结构性供需失衡矛盾和问题突出，特别是中高端产品和服务有效供给不足，迫切需要下最大气力抓全面提高质量，推动我国经济发展进入质量时代。现就开展质量提升行动提出如下意见。

一 总体要求

（一）指导思想

全面贯彻党的十八大和十八届三中、四中、五中、六中全会精神，深入贯彻习近平总书记系列重要讲话精神和治国理政新理念新思想新战略，牢固树立和贯彻落实新发展理念，紧紧围绕统筹推进"五位一体"总体布局和协调推进"四个全面"战略布局，认真落实党中央、国务院决策部署，以提高发展质量和效益为中心，将质量强国战略放在更加突出的位置，开展质量提升行动，加强全面质量监管，全面提升质量水平，加快培育国际竞争新优势，为实现"两个一百年"奋斗目标奠定质量基础。

（二）基本原则

——坚持以质量第一为价值导向。牢固树立质量第一的强烈意识，坚持优质发展、以质取胜，更加注重以质量提升减轻经济下行和安全监管压力，真正形成各级党委和政府重视质量、企业追求质量、社会崇尚质量、人人关心质量的良好氛围。

——坚持以满足人民群众需求和增强国家综合实力为根本目的。把增进民生福祉、满足人民群众质量需求作为提高供给质量的出发点和落脚点，促进质量发展成果全民共享，增强人民群众的质量获得感。持续提高产品、工程、服务的质量水平、质量层次和品牌影响力，推动我国产业价值链从低端向中高端延伸，更深更广融入全球供给体系。

——坚持以企业为质量提升主体。加强全面质量管理，推广应用先进质量管理方法，提高全员全过程全方位质量控制水平。弘扬企业家精神和工匠精神，提高决策者、经营者、管理者、生产者质量意识和质量素养，打造质量标杆企业，加强品牌建设，推动企业质量管理水平和核心竞争力提高。

——坚持以改革创新为根本途径。深入实施创新驱动发展战略，发挥市场在资源配置中的决定性作用，积极引导推动各种创新要素向产品和服务的供给端集聚，提升质量创新能力，以新技术新业态改造提升产业质量和发展水平。推动创新群体从以科技人员的小众为主向小众与大众创新创业互动转变，推动技术创新、标准研制和产业化协调发展，用先进标准引领产品、工程和服务质量提升。

（三）主要目标

到 2020 年，供给质量明显改善，供给体系更有效率，建设质量强国取得明显成效，质量总体水平显著提升，质量对提高全要素生产率和促进经济发展的贡献进一步增强，更好满足人民群众不断升级的消费需求。

——产品、工程和服务质量明显提升。质量突出问题得到有效治理，智能化、消费友好的中高端产品供给大幅增加，高附加值和优质服务供给比重进一步提升，中国制造、中国建造、中国服务、中国品牌国际竞争力显著增强。

——产业发展质量稳步提高。企业质量管理水平大幅提升，传统优势产业实现价值链升级，战略性新兴产业的质量效益特征更加明显，服务业提质增效进一步加快，以技术、技能、知识等为要素的质量竞争型产业规模显著扩大，形成一批质量效益一流的世界级产业集群。

——区域质量水平整体跃升。区域主体功能定位和产业布局更加合理，区域特色资源、环境容量和产业基础等资源优势充分利用，产业梯度转移和质量升级同步推进，区域经济呈现互联互通和差异化发展格局，涌现出一批特色小镇和区域质量品牌。

——国家质量基础设施效能充分释放。计量、标准、检验检测、认证认可等国家质量基础设施系统完整、高效运行，技术水平和服务能力进一步增强，国际竞争力明显提升，对科技进步、产业升级、社会治理、对外交往的支撑更加有力。

二 全面提升产品、工程和服务质量

（四）增加农产品、食品药品优质供给

健全农产品质量标准体系，实施农业标准化生产和良好农业规范。加快高标准农田建设，加大耕地质量保护和土壤修复力度。推行种养殖清洁生产，强化农业投入品监管，严格规范农药、抗生素、激素类药物和化肥使用。完善进口食品安全治理体系，推进出口食品农产品质量安全示范区建设。开展出口农产品品牌建设专项推进行动，提升出口农产品质量，带动提升内销农产品质量。引进优质农产品和种质资源。大力发展农产品初加工和精深加工，提高绿色产品供给比重，提升农产品附加值。

完善食品药品安全监管体制，增强统一性、专业性、权威性，为食品药品安全提供组织和制度保障。继续推动食品安全标准与国际标准对接，加快提升营养健康标准水平。推进传统主食工业化、标准化生产。促进奶业优质安全发展。发展方便食品、速冻食品等现代食品产业。实施药品、医疗器械标准提高行动计划，全面提升药物质量水平，提高中药质量稳定性和可控性。推进仿制药质量和疗效一

致性评价。

（五）促进消费品提质升级

加快消费品标准和质量提升，推动消费品工业增品种、提品质、创品牌，支撑民众消费升级需求。推动企业发展个性定制、规模定制、高端定制，推动产品供给向"产品＋服务"转变、向中高端迈进。推动家用电器高端化、绿色化、智能化发展，改善空气净化器等新兴家电产品的功能和消费体验，优化电饭锅等小家电产品的外观和功能设计。强化智能手机、可穿戴设备、新型视听产品的信息安全、隐私保护，提高关键元器件制造能力。巩固纺织服装鞋帽、皮革箱包等传统产业的优势地位。培育壮大民族日化产业。提高儿童用品安全性、趣味性，加大"银发经济"群体和失能群体产品供给。大力发展民族传统文化产品，推动文教体育休闲用品多样化发展。

（六）提升装备制造竞争力

加快装备制造业标准化和质量提升，提高关键领域核心竞争力。实施工业强基工程，提高核心基础零部件（元器件）、关键基础材料产品性能，推广应用先进制造工艺，加强计量测试技术研究和应用。发展智能制造，提高工业机器人、高档数控机床的加工精度和精度保持能力，提升自动化生产线、数字化车间的生产过程智能化水平。推行绿色制造，推广清洁高效生产工艺，降低产品制造能耗、物耗和水耗，提升终端用能产品能效、水效。加快提升国产大飞机、高铁、核电、工程机械、特种设备等中国装备的质量竞争力。

（七）提升原材料供给水平

鼓励矿产资源综合勘查、评价、开发和利用，推进绿色矿山和绿色矿业发展示范区建设。提高煤炭洗选加工比例。提升油品供给质量。加快高端材料创新，提高质量稳定性，形成高性能、功能化、差别化的先进基础材料供给能力。加快钢铁、水泥、电解铝、平板玻璃、焦炭等传统产业转型升级。推动稀土、石墨等特色资源高质化利用，促进高强轻合金、高性能纤维等关键战略材料性能和品质提升，加强石墨烯、智能仿生材料等前沿新材料布局，逐步进入全球高端制造业采购体系。

（八）提升建设工程质量水平

确保重大工程建设质量和运行管理质量，建设百年工程。高质量建设和改造城乡道路交通设施、供热供水设施、排水与污水处理设施。加快海绵城市建设和地下综合管廊建设。规范重大项目基本建设程序，坚持科学论证、科学决策，加强重大工程的投资咨询、建设监理、设备监理，保障工程项目投资效益和重大设备质量。全面落实工程参建各方主体质量责任，强化建设单位首要责任和勘察、设计、施工单位主体责任。加快推进工程质量管理标准化，提高工程项目管理水平。加强工程质量检测管理，严厉打击出具虚假报告等行为。健全工程质量监督管理机制，强化工程建设全过程质量监管。因地制宜提高建筑节能标准。完善绿色建材标准，促进绿色建材生产和应用。大力发展装配式建筑，提高建筑装修部品部件的质量和安全性能。推进绿色生态小区建设。

（九）推动服务业提质增效

提高生活性服务业品质。完善以居家为基础、社区为依托、机构为补充、医养相结合的多层次、智能化养老服务体系。鼓励家政企业创建服务品牌。发展大众化餐饮，引导餐饮企业建立集中采购、统一配送、规范化生产、连锁化经营的生产模式。实施旅游服务质量提升计划，显著改善旅游市场秩序。推广实施优质服务承诺标识和管理制度，培育知名服务品牌。

促进生产性服务业专业化发展。加强运输安全保障能力建设，推进铁路、公路、水路、民航等多式联运发展，提升服务质量。提高物流全链条服务质量，增强物流服务时效，加强物流标准化建设，提升冷链物流水平。推进电子商务规制创新，加强电子商务产业载体、物流体系、人才体系建设，不断提升电子商务服务质量。支持发展工业设计、计量测试、标准试验验证、检验检测认证等高技术服务业。提升银行服务、保险服务的标准化程度和服务质量。加快知识产权服务体系建设。提高律师、公证、法律援助、司法鉴定、基层法律服务等法律服务水平。开展国家新型优质服务业集群建设试点，支撑引领三次产业向中高端迈进。

（十）提升社会治理和公共服务水平

推广"互联网＋政务服务"，加快推进行政审批标准化建设，优化服务流程，简化办事环节，提高行政效能。提升城市治理水平，推进城市精细化、规范化管理。促进义务教育优质均衡发展，扩大普惠性学前教育和优质职业教育供给，促进和规范民办教育。健全覆盖城乡的公共就业创业服务体系。加强职业技能培训，推动实现比较充分和更高质量就业。提升社会救助、社会福利、优抚安置等保障水平。

提升优质公共服务供给能力。稳步推进进一步改善医疗服务行动计划。建立健全医疗纠纷预防调解机制，构建和谐医患关系。鼓励创造优秀文化服务产品，推动文化服务产品数字化、网络化。提高供电、供气、供热、供水服务质量和安全保障水平，创新人民群众满意的服务供给。开展公共服务质量监测和结果通报，引导提升公共服务质量水平。

（十一）加快对外贸易优化升级

加快外贸发展方式转变，培育以技术、标准、品牌、质量、服务为核心的对外经济新优势。鼓励高技术含量和高附加值项目维修、咨询、检验检测等服务出口，促进服务贸易与货物贸易紧密结合、联动发展。推动出口商品质量安全示范区建设。完善进出口商品质量安全风险预警和快速反应监管体系。促进"一带一路"沿线国家和地区、主要贸易国家和地区质量国际合作。

三 破除质量提升瓶颈

（十二）实施质量攻关工程

围绕重点产品、重点行业开展质量状况调查，组织质量比对和会商会诊，找准比较优势、行业通病和质量短板，研究制定质量问题解决方案。加强与国际优质产品的质量比对，支持企业瞄准先进标杆实施技术改造。开展重点行业工艺优化行动，组织质量提升关键技术攻关，推动企业积极应用新技术、新工艺、新材料。加强可靠性设计、试验与验证技术开发应用，推广采用先进成型方法和加工方法、在线检测控制装置、智能化生产和物流系统及检测设备。实施国防科技工业质量可靠性专项行动计划，重点解决关键系统、关键产品质量难点问题，支撑重点武器装备质量水平提升。

（十三）加快标准提档升级

改革标准供给体系，推动消费品标准由生产型向消费型、服务型转变，加快培育发展团体标准。推动军民标准通用化建设，建立标准化军民融合长效机制。推进地方标准化综合改革。开展重点行业国内外标准比对，加快转化先进适用的国际标准，提升国内外标准一致性程度，推动我国优势、特色技术标准成为国际标准。建立健全技术、专利、标准协同机制，开展对标达标活动，鼓励、引领企业主动制定和实施先进标准。全面实施企业标准自我声明公开和监督制度，实施企业标准领跑者制度。

大力推进内外销产品"同线同标同质"工程，逐步消除国内外市场产品质量差距。

（十四）激发质量创新活力

建立质量分级制度，倡导优质优价，引导、保护企业质量创新和质量提升的积极性。开展新产业、新动能标准领航工程，促进新旧动能转换。完善第三方质量评价体系，开展高端品质认证，推动质量评价由追求"合格率"向追求"满意度"跃升。鼓励企业开展质量提升小组活动，促进质量管理、质量技术、质量工作法创新。鼓励企业优化功能设计、模块化设计、外观设计、人体工效学设计，推行个性化定制、柔性化生产，提高产品扩展性、耐久性、舒适性等质量特性，满足绿色环保、可持续发展、消费友好等需求。鼓励以用户为中心的微创新，改善用户体验，激发消费潜能。

（十五）推进全面质量管理

发挥质量标杆企业和中央企业示范引领作用，加强全员、全方位、全过程质量管理，提质降本增效。推广现代企业管理制度，广泛开展质量风险分析与控制、质量成本管理、质量管理体系升级等活动，提高质量在线监测、在线控制和产品全生命周期质量追溯能力，推行精益生产、清洁生产等高效生产方式。鼓励各类市场主体整合生产组织全过程要素资源，纳入共同的质量管理、标准管理、供应链管理、合作研发管理等，促进协同制造和协同创新，实现质量水平整体提升。

（十六）加强全面质量监管

深化"放管服"改革，强化事中事后监管，严格按照法律法规从各个领域、各个环节加强对质量的全方位监管。做好新形势下加强打击侵犯知识产权和制售假冒伪劣商品工作，健全打击侵权假冒长效机制。促进行政执法与刑事司法衔接。加强跨区域和跨境执法协作。加强进口商品质量安全监管，严守国门质量安全底线。开展质量问题产品专项整治和区域集中整治，严厉查处质量违法行为。健全质量违法行为记录及公布制度，加大行政处罚等政府信息公开力度。严格落实汽车等产品的修理更换退货责任规定，探索建立第三方质量担保争议处理机制。完善产品伤害监测体系，提高产品安全、环保、可靠性等要求和标准。加大缺陷产品召回力度，扩大召回范围，健全缺陷产品召回行政监管和技术支撑体系，建立缺陷产品召回管理信息共享和部门协作机制。实施服务质量监测基础建设工程。建立责任明确、反应及时、处置高效的旅游市场综合监管机制，严厉打击扰乱旅游市场秩序的违法违规行为，规范旅游市场秩序，净化旅游消费环境。

（十七）着力打造中国品牌

培育壮大民族企业和知名品牌，引导企业提升产品和服务附加值，形成自己独有的比较优势。以产业集聚区、国家自主创新示范区、高新技术产业园区、国家新型工业化产业示范基地等为重点，开展区域品牌培育，创建质量提升示范区、知名品牌示范区。实施中国精品培育工程，加强对中华老字号、地理标志等品牌培育和保护，培育更多百年老店和民族品牌。建立和完善品牌建设、培育标准体系和评价体系，开展中国品牌价值评价活动，推动品牌评价国际标准化工作。开展"中国品牌日"活动，不断凝聚社会共识、营造良好氛围、搭建交流平台，提升中国品牌的知名度和美誉度。

（十八）推进质量全民共治

创新质量治理模式，注重社会各方参与，健全社会监督机制，推进以法治为基础的社会多元治理，构建市场主体自治、行业自律、社会监督、政府监管的质量共治格局。强化质量社会监督和舆论监督。

建立完善质量信号传递反馈机制，鼓励消费者组织、行业协会、第三方机构等开展产品质量比较试验、综合评价、体验式调查，引导理性消费选择。

四 夯实国家质量基础设施

（十九） 加快国家质量基础设施体系建设

构建国家现代先进测量体系。紧扣国家发展重大战略和经济建设重点领域的需求，建立、改造、提升一批国家计量基准，加快建立新一代高准确度、高稳定性量子计量基准，加强军民共用计量基础设施建设。完善国家量值传递溯源体系。加快制定一批计量技术规范，研制一批新型标准物质，推进社会公用计量标准升级换代。科学规划建设计量科技基础服务、产业计量测试体系、区域计量支撑体系。

加快国家标准体系建设。大力实施标准化战略，深化标准化工作改革，建立政府主导制定的标准与市场自主制定的标准协同发展、协调配套的新型标准体系。简化国家标准制定修订程序，加强标准化技术委员会管理，免费向社会公开强制性国家标准文本，推动免费向社会公开推荐性标准文本。建立标准实施信息反馈和评估机制，及时开展标准复审和维护更新。

完善国家合格评定体系。完善检验检测认证机构资质管理和能力认可制度，加强检验检测认证公共服务平台示范区、国家检验检测高技术服务业集聚区建设。提升战略性新兴产业检验检测认证支撑能力。建立全国统一的合格评定制度和监管体系，建立政府、行业、社会等多层次采信机制。健全进出口食品企业注册备案制度。加快建立统一的绿色产品标准、认证、标识体系。

（二十）深化国家质量基础设施融合发展

加强国家质量基础设施的统一建设、统一管理，推进信息共享和业务协同，保持中央、省、市、县四级国家质量基础设施的系统完整，加快形成国家质量基础设施体系。开展国家质量基础设施协同服务及应用示范基地建设，助推中小企业和产业集聚区全面加强质量提升。构建统筹协调、协同高效、系统完备的国家质量基础设施军民融合发展体系，增强对经济建设和国防建设的整体支撑能力。深度参与质量基础设施国际治理，积极参加国际规则制定和国际组织活动，推动计量、标准、合格评定等国际互认和境外推广应用，加快我国质量基础设施国际化步伐。

（二十一）提升公共技术服务能力

加快国家质检中心、国家产业计量测试中心、国家技术标准创新基地、国家检测重点实验室等公共技术服务平台建设，创新"互联网＋质量服务"模式，推进质量技术资源、信息资源、人才资源、设备设施向社会共享开放，开展一站式服务，为产业发展提供全生命周期的技术支持。加快培育产业计量测试、标准化服务、检验检测认证服务、品牌咨询等新兴质量服务业态，为大众创业、万众创新提供优质公共技术服务。加快与"一带一路"沿线国家和地区共建共享质量基础设施，推动互联互通。

（二十二）健全完善技术性贸易措施体系

加强对国外重大技术性贸易措施的跟踪、研判、预警、评议和应对，妥善化解贸易摩擦，帮助企业规避风险，切实维护企业合法权益。加强技术性贸易措施信息服务，建设一批研究评议基地，建立统一的国家技术性贸易措施公共信息和技术服务平台。利用技术性贸易措施，倒逼企业按照更高技术标准提升产品质量和产业层次，不断提高国际市场竞争力。建立贸易争端预警机制，积极主导、参与技术性贸易措施相关国际规则和标准的制定。

五 改革完善质量发展政策和制度

（二十三） 加强质量制度建设

坚持促发展和保底线并重，加强质量促进的立法研究，强化对质量创新的鼓励、引导、保护。研究修订产品质量法，建立商品质量惩罚性赔偿制度。研究服务业质量管理、产品质量担保、缺陷产品召回等领域立法工作。改革工业产品生产许可证制度，全面清理工业产品生产许可证，加快向国际通行的产品认证制度转变。建立完善产品质量安全事故强制报告制度、产品质量安全风险监控及风险调查制度。建立健全产品损害赔偿、产品质量安全责任保险和社会帮扶并行发展的多元救济机制。加快推进质量诚信体系建设，完善质量守信联合激励和失信联合惩戒制度。

（二十四） 加大财政金融扶持力度

完善质量发展经费多元筹集和保障机制，鼓励和引导更多资金投向质量攻关、质量创新、质量治理、质量基础设施建设。国家科技计划持续支持国家质量基础的共性技术研究和应用重点研发任务。实施好首台（套）重大技术装备保险补偿机制。构建质量增信融资体系，探索以质量综合竞争力为核心的质量增信融资制度，将质量水平、标准水平、品牌价值等纳入企业信用评价指标和贷款发放参考因素。加大产品质量保险推广力度，支持企业运用保险手段促进产品质量提升和新产品推广应用。

推动形成优质优价的政府采购机制。鼓励政府部门向社会力量购买优质服务。加强政府采购需求确定和采购活动组织管理，将质量、服务、安全等要求贯彻到采购文件制定、评审活动、采购合同签订全过程，形成保障质量和安全的政府采购机制。严格采购项目履约验收，切实把好产品和服务质量关。加强联合惩戒，依法限制严重质量违法失信企业参与政府采购活动。建立军民融合采购制度，吸纳扶持优质民口企业进入军事供应链体系，拓宽企业质量发展空间。

（二十五）健全质量人才教育培养体系

将质量教育纳入全民教育体系。加强中小学质量教育，开展质量主题实践活动。推进高等教育人才培养质量，加强质量相关学科、专业和课程建设。加强职业教育技术技能人才培养质量，推动企业和职业院校成为质量人才培养的主体，推广现代学徒制和企业新型学徒制。推动建立高等学校、科研院所、行业协会和企业共同参与的质量教育网络。实施企业质量素质提升工程，研究建立质量工程技术人员评价制度，全面提高企业经营管理者、一线员工的质量意识和水平。加强人才梯队建设，实施青年职业能力提升计划，完善技术技能人才培养培训工作体系，培育众多"中国工匠"。发挥各级工会组织和共青团组织作用，开展劳动和技能竞赛、青年质量提升示范岗创建、青年质量控制小组实践等活动。

（二十六）健全质量激励制度

完善国家质量激励政策，继续开展国家质量奖评选表彰，树立质量标杆，弘扬质量先进。加大对政府质量奖获奖企业在金融、信贷、项目投资等方面的支持力度。建立政府质量奖获奖企业和个人先进质量管理经验的长效宣传推广机制，形成中国特色质量管理模式和体系。研究制定技术技能人才激励办法，探索建立企业首席技师制度，降低职业技能型人才落户门槛。

六 切实加强组织领导

（二十七）实施质量强国战略

坚持以提高发展质量和效益为中心，加快建设质量强国。研究编制质量强国战略纲要，明确质量发展目标任务，统筹各方资源，推动中国制造向中国创造转变、中国速度向中国质量转变、中国产品向中国品牌转变。持续开展质量强省、质量强市、质量强县示范活动，走出一条中国特色质量发展道路。

（二十八）加强党对质量工作领导

健全质量工作体制机制，完善研究质量强国战略、分析质量发展形势、决定质量方针政策的工作机制，建立"党委领导、政府主导、部门联合、企业主责、社会参与"的质量工作格局。加强对质量发展的统筹规划和组织领导，建立健全领导体制和协调机制，统筹质量发展规划制定、质量强国建设、质量品牌发展、质量基础建设。地方各级党委和政府要将质量工作摆到重要议事日程，加强质量管理和队伍能力建设，认真落实质量工作责任制。强化市、县政府质量监管职责，构建统一权威的质量工作体制机制。

（二十九）狠抓督察考核

探索建立中央质量督察工作机制，强化政府质量工作考核，将质量工作考核结果作为各级党委和政府领导班子及有关领导干部综合考核评价的重要内容。以全要素生产率、质量竞争力指数、公共服务质量满意度等为重点，探索构建符合创新、协调、绿色、开放、共享发展理念的新型质量统计评价体系。健全质量统计分析制度，定期发布质量状况分析报告。

（三十）加强宣传动员

大力宣传党和国家质量工作方针政策，深入报道我国提升质量的丰富实践、重大成就、先进典型，讲好中国质量故事，推介中国质量品牌，塑造中国质量形象。将质量文化作为社会主义核心价值观教育的重要内容，加强质量公益宣传，提高全社会质量、诚信、责任意识，丰富质量文化内涵，促进质量文化传承发展。把质量发展纳入党校、行政学院和各类干部培训院校教学计划，让质量第一成为各级党委和政府的根本理念，成为领导干部工作责任，成为全社会、全民族的价值追求和时代精神。

各地区各部门要认真落实本意见精神，结合实际研究制定实施方案，抓紧出台推动质量提升的具体政策措施，明确责任分工和时间进度要求，确保各项工作举措和要求落实到位。要组织相关行业和领域，持续深入开展质量提升行动，切实提升质量总体水平。

附件八 国务院关于印发深化
标准化工作改革
方案的通知

国发〔2015〕13 号

各省、自治区、直辖市人民政府，国务院各部委、各直属机构：

现将《深化标准化工作改革方案》印发给你们，请认真贯彻执行。

国务院

2015 年 3 月 11 日

（此件公开发布）

深化标准化工作改革方案

为落实《中共中央关于全面深化改革若干重大

问题的决定》、《国务院机构改革和职能转变方案》和《国务院关于促进市场公平竞争维护市场正常秩序的若干意见》（国发〔2014〕20 号）关于深化标准化工作改革、加强技术标准体系建设的有关要求，制定本改革方案。

一　改革的必要性和紧迫性

党中央、国务院高度重视标准化工作，2001 年成立国家标准化管理委员会，强化标准化工作的统一管理。在各部门、各地方共同努力下，我国标准化事业得到快速发展。截至目前，国家标准、行业标准和地方标准总数达到 10 万项，覆盖一二三产业和社会事业各领域的标准体系基本形成。我国相继成为国际标准化组织（ISO）、国际电工委员会（IEC）常任理事国及国际电信联盟（ITU）理事国，我国专家担任 ISO 主席、IEC 副主席、ITU 秘书长等一系列重要职务，主导制定国际标准的数量逐年增加。标准化在保障产品质量安全、促进产业转型升级和经济提质增效、服务外交外贸等方面起着越来越重要的作用。但是，从我国经济社会发展日益增长的需求来看，现行标准体系和标准化管理体制已不能适应社会主义市场经济发展的需要，甚至在一定程度上影响了经济社会发展。

一是标准缺失老化滞后，难以满足经济提质增效升级的需求。现代农业和服务业标准仍然很少，社会管理和公共服务标准刚刚起步，即使在标准相对完备的工业领域，标准缺失现象也不同程度存在。特别是当前节能降耗、新型城镇化、信息化和工业化融合、电子商务、商贸物流等领域对标准的需求十分旺盛，但标准供给仍有较大缺口。我国国家标准制定周期平均为3年，远远落后于产业快速发展的需要。标准更新速度缓慢，"标龄"高出德、美、英、日等发达国家1倍以上。标准整体水平不高，难以支撑经济转型升级。我国主导制定的国际标准仅占国际标准总数的0.5%，"中国标准"在国际上认可度不高。

二是标准交叉重复矛盾，不利于统一市场体系的建立。标准是生产经营活动的依据，是重要的市场规则，必须增强统一性和权威性。目前，现行国家标准、行业标准、地方标准中仅名称相同的就有近2000项，有些标准技术指标不一致甚至冲突，既造成企业执行标准困难，也造成政府部门制定标准的资源浪费和执法尺度不一。特别是强制性标准涉及健康安全环保，但是制定主体多，28个部门和31个省（区、市）制定发布强制性行业标准和地方标准；数量庞大，强制性国家、行业、地方三级标准万余项，缺乏强有力的组织协调，交叉重复矛盾难以避免。

三是标准体系不够合理，不适应社会主义市场经济发展的要求。国家标准、行业标准、地方标准均由政府主导制定，且70%为一般性产品和服务标准，这些标准中许多应由市场主体遵循市场规律制定。而国际上通行的团体标准在我国没有法律地位，市场自主制定、快速反映需求的标准不能有效供给。即使是企业自己制定、内部使用的企业标准，也要到政府部门履行备案甚至审查性备案，企业能动性受到抑制，缺乏创新和竞争力。

四是标准化协调推进机制不完善，制约了标准化管理效能提升。标准反映各方共同利益，各类标准之间需要衔接配套。很多标准技术面广、产业链长，特别是一些标准涉及部门多、相关方立场不一致，协调难度大，由于缺乏权威、高效的标准化协调推进机制，越重要的标准越"难产"。有的标准实施效果不明显，相关配套政策措施不到位，尚未形成多部门协同推动标准实施的工作格局。

造成这些问题的根本原因是现行标准体系和标准化管理体制是20世纪80年代确立的，政府与市场的角色错位，市场主体活力未能充分发挥，既阻碍了标准化工作的有效开展，又影响了标准化作用的发挥，必须切实转变政府标准化管理职能，深化标准化工作改革。

二　改革的总体要求

标准化工作改革，要紧紧围绕使市场在资源配置中起决定性作用和更好发挥政府作用，着力解决标准体系不完善、管理体制不顺畅、与社会主义市场经济发展不适应问题，改革标准体系和标准化管理体制，改进标准制定工作机制，强化标准的实施与监督，更好发挥标准化在推进国家治理体系和治理能力现代化中的基础性、战略性作用，促进经济持续健康发展和社会全面进步。

改革的基本原则：一是坚持简政放权、放管结合。把该放的放开放到位，培育发展团体标准，放开搞活企业标准，激发市场主体活力；把该管的管住管好，强化强制性标准管理，保证公益类推荐性标准的基本供给。二是坚持国际接轨、适合国情。借鉴发达国家标准化管理的先进经验和做法，结合我国发展实际，建立完善具有中国特色的标准体系和标准化管理体制。三是坚持统一管理、分工负责。既发挥好国务院标准化主管部门的综合协调职责，又充分发挥国务院各部门在相关领域内标准制定、实施及监督的作用。四是坚持依法行政、统筹推进。

加快标准化法治建设，做好标准化重大改革与标准化法律法规修改完善的有机衔接；合理统筹改革优先领域、关键环节和实施步骤，通过市场自主制定标准的增量带动现行标准的存量改革。

改革的总体目标：建立政府主导制定的标准与市场自主制定的标准协同发展、协调配套的新型标准体系，健全统一协调、运行高效、政府与市场共治的标准化管理体制，形成政府引导、市场驱动、社会参与、协同推进的标准化工作格局，有效支撑统一市场体系建设，让标准成为对质量的"硬约束"，推动中国经济迈向中高端水平。

三 改革措施

通过改革，把政府单一供给的现行标准体系，转变为由政府主导制定的标准和市场自主制定的标准共同构成的新型标准体系。政府主导制定的标准由 6 类整合精简为 4 类，分别是强制性国家标准和推荐性国家标准、推荐性行业标准、推荐性地方标准；市场自主制定的标准分为团体标准和企业标准。政府主导制定的标准侧重于保基本，市场自主制定的标准侧重于提高竞争力。同时建立完善与新型标准体系配套的标准化管理体制。

（一）建立高效权威的标准化统筹协调机制。建立由国务院领导同志为召集人、各有关部门负责同志组成的国务院标准化协调推进机制，统筹标准化重大改革，研究标准化重大政策，对跨部门跨领域、存在重大争议标准的制定和实施进行协调。国务院标准化协调推进机制日常工作由国务院标准化主管部门承担。

（二）整合精简强制性标准。在标准体系上，逐步将现行强制性国家标准、行业标准和地方标准整合为强制性国家标准。在标准范围上，将强制性国家标准严格限定在保障人身健康和生命财产安全、国家安全、生态环境安全和满足社会经济管理基本要求的范围之内。在标准管理上，国务院各有关部门负责强制性国家标准项目提出、组织起草、征求意见、技术审查、组织实施和监督；国务院标准化主管部门负责强制性国家标准的统一立项和编号，并按照世界贸易组织规则开展对外通报；强制性国家标准由国务院批准发布或授权批准发布。强化依据强制性国家标准开展监督检查和行政执法。免费向社会公开强制性国家标准文本。建立强制性国家标准实施情况统计分析报告制度。

法律法规对标准制定另有规定的，按现行法律法规执行。环境保护、工程建设、医药卫生强制性国家标准、强制性行业标准和强制性地方标准，按现有模式管理。安全生产、公安、税务标准暂按现有模式管理。核、航天等涉及国家安全和秘密的军工领域行业标准，由国务院国防科技工业主管部门负责管理。

（三）优化完善推荐性标准。在标准体系上，进一步优化推荐性国家标准、行业标准、地方标准体系结构，推动向政府职责范围内的公益类标准过渡，逐步缩减现有推荐性标准的数量和规模。在标准范围上，合理界定各层级、各领域推荐性标准的制定范围，推荐性国家标准重点制定基础通用、与强制性国家标准配套的标准；推荐性行业标准重点制定本行业领域的重要产品、工程技术、服务和行业管理标准；推荐性地方标准可制定满足地方自然条件、民族风俗习惯的特殊技术要求。在标准管理上，国务院标准化主管部门、国务院各有关部门和地方政府标准化主管部门分别负责统筹管理推荐性国家标准、行业标准和地方标准制修订工作。充分运用信息化手段，建立制修订全过程信息公开和共享平台，强化制修订流程中的信息共享、社会监督和自查自纠，有效避免推荐性国家标准、行业标准、地方标准在立项、制定过程中的交叉重复矛盾。简化制修订程序，提高审批效率，缩短制修订周期。推动免费向社会公开公益类推荐性标准文本。建立标准实施信息反馈和评估机制，及时开展标准复审和维护更新，有效解决标准缺失滞后老化问题。加强标准化技术委员会管理，提高广泛性、代表性，保证标准制定的科学性、公正性。

（四）培育发展团体标准。在标准制定主体上，鼓励具备相应能力的学会、协会、商会、联合会等社会组织和产业技术联盟协调相关市场主体共同制定满足市场和创新需要的标准，供市场自愿选用，增加标准的有效供给。在标准管理上，对团体标准不设行政许可，由社会组织和产业技术联盟自主制定发布，通过市场竞争优胜劣汰。国务院标准化主管部门会同国务院有关部门制定团体标准发展指导意见和标准化良好行为规范，对团体标准进行必要的规范、引导和监督。在工作推进上，选择市场化程度高、技术创新活跃、产品类标准较多的领域，先行开展团体标准试点工作。支持专利融入团体标准，推动技术进步。

（五）放开搞活企业标准。企业根据需要自主制定、实施企业标准。鼓励企业制定高于国家标准、行业标准、地方标准，具有竞争力的企业标准。建立企业产品和服务标准自我声明公开和监督制度，逐步取消政府对企业产品标准的备案管理，落实企业标准化主体责任。鼓励标准化专业机构对企业公开的标准开展比对和评价，强化社会监督。

（六）提高标准国际化水平。鼓励社会组织和产业技术联盟、企业积极参与国际标准化活动，争取承担更多国际标准化组织技术机构和领导职务，增强话语权。加大国际标准跟踪、评估和转化力度，加强中国标准外文版翻译出版工作，推动与主要贸易国之间的标准互认，推进优势、特色领域标准国际化，创建中国标准品牌。结合海外工程承包、重大装备设备出口和对外援建，推广中国标准，以中国标准"走出去"带动我国产品、技术、装备、服务"走出去"。进一步放宽外资企业参与中国标准的制定。

四　组织实施

坚持整体推进与分步实施相结合，按照逐步调整、不断完善的方法，协同有序推进各项改革任务。标准化工作改革分三个阶段实施。

（一）第一阶段（2015—2016 年），积极推进改革试点工作。

——加快推进《中华人民共和国标准化法》修订工作，提出法律修正案，确保改革于法有据。修订完善相关规章制度。（2016 年 6 月底前完成）

——国务院标准化主管部门会同国务院各有关

部门及地方政府标准化主管部门，对现行国家标准、行业标准、地方标准进行全面清理，集中开展滞后老化标准的复审和修订，解决标准缺失、矛盾交叉等问题。（2016 年 12 月底前完成）

——优化标准立项和审批程序，缩短标准制定周期。改进推荐性行业和地方标准备案制度，加强标准制定和实施后评估。（2016 年 12 月底前完成）

——按照强制性标准制定原则和范围，对不再适用的强制性标准予以废止，对不宜强制的转化为推荐性标准。（2015 年 12 月底前完成）

——开展标准实施效果评价，建立强制性标准实施情况统计分析报告制度。强化监督检查和行政执法，严肃查处违法违规行为。（2016 年 12 月底前完成）

——选择具备标准化能力的社会组织和产业技术联盟，在市场化程度高、技术创新活跃、产品类标准较多的领域开展团体标准试点工作，制定团体标准发展指导意见和标准化良好行为规范。（2015 年 12 月底前完成）

——开展企业产品和服务标准自我声明公开和监督制度改革试点。企业自我声明公开标准的，视同完成备案。（2015 年 12 月底前完成）

——建立国务院标准化协调推进机制，制定相

关制度文件。建立标准制修订全过程信息公开和共享平台。（2015年12月底前完成）

——主导和参与制定国际标准数量达到年度国际标准制定总数的50%。（2016年完成）

（二）第二阶段（2017—2018年），稳妥推进向新型标准体系过渡。

——确有必要强制的现行强制性行业标准、地方标准，逐步整合上升为强制性国家标准。（2017年完成）

——进一步明晰推荐性标准制定范围，厘清各类标准间的关系，逐步向政府职责范围内的公益类标准过渡。（2018年完成）

——培育若干具有一定知名度和影响力的团体标准制定机构，制定一批满足市场和创新需要的团体标准。建立团体标准的评价和监督机制。（2017年完成）

——企业产品和服务标准自我声明公开和监督制度基本完善并全面实施。（2017年完成）

——国际国内标准水平一致性程度显著提高，主要消费品领域与国际标准一致性程度达到95%以上。（2018年完成）

（三）第三阶段（2019—2020年），基本建成结构合理、衔接配套、覆盖全面、适应经济社会发展需求的新型标准体系。

——理顺并建立协同、权威的强制性国家标准管理体制。（2020 年完成）

——政府主导制定的推荐性标准限定在公益类范围，形成协调配套、简化高效的推荐性标准管理体制。（2020 年完成）

——市场自主制定的团体标准、企业标准发展较为成熟，更好满足市场竞争、创新发展的需求。（2020 年完成）

——参与国际标准化治理能力进一步增强，承担国际标准化组织技术机构和领导职务数量显著增多，与主要贸易伙伴国家标准互认数量大幅增加，我国标准国际影响力不断提升，迈入世界标准强国行列。（2020 年完成）

附件九 国务院标准化协调推进部际联席会议办公室关于印发《推进国家标准公开工作实施方案》的通知

国家标准化管理委员会信办〔2017〕14 号

各省、自治区、直辖市人民政府，国务院各部委、各直属机构：

《推进国家标准公开工作实施方案》经国务院标准化协调推进部际联席会议第三次全体会议审议通过，现印发你们，请认真贯彻执行。

附件：《推进国家标准公开工作实施方案》

国务院标准化协调推进
部际联席会议办公室
2017 年 2 月 3 日

推进国家标准公开工作实施方案

标准是人类文明进步的成果,在便利经贸往来、支撑产业发展、促进科技进步、规范社会治理等方面的作用日益凸显。国务院《深化标准化工作改革方案》(以下简称《改革方案》)要求"免费向社会公开强制性国家标准文本"、"推动免费向社会公开公益类推荐性标准文本"。为贯彻落实《改革方案》,推进国家标准公开工作,以标准公开助力营造公平竞争市场环境,促进"大众创业、万众创新",制定本方案。

一 工作原则

国家标准公开工作应当遵循以下原则:

(一)统一管理、分工负责。国家标准委负责国家标准公开制度和机制建设,加强综合协调,统筹推进国家标准公开工作;国家标准委及国务院相关部门分别负责所发布国家标准的公开工作。

(二)整体推进、分步实施。按照《改革方案》要求,国家标准委及国务院相关部门共同推进国家标准公开工作。针对强制性国家标准和推荐性国家标准、采用国际(国外)标准(以下简称"采标")

的国家标准和非采标的国家标准等不同情况，分阶段有序进行公开。

（三）保护版权、免费公开。国家标准公开应当保护标准版权，维护标准版权所有者合法权益；国家标准公开实行文本免费在线查阅，促进标准推广应用。

二　工作目标

健全促进国家标准公开的机制和措施，及时向社会公开强制性国家标准文本，分阶段向社会公开推荐性国家标准文本，进一步增强国家标准制修订工作的公开性和透明度，确保社会公众能够便捷地获取权威的国家标准信息。到 2020 年，基本实现国家标准全部免费公开。

三　公开内容和方式

（一）公开的内容。

1. 国家标准文本，即已批准发布的国家标准文本（含修改单）；

2. 国家标准题录信息，包括：标准号、标准中文名称、标准英文名称、发布日期、实施日期、发布部门、国际标准分类号等；

3. 国家标准制修订信息，包括：标准立项前公示信息、标准计划公告、标准征求意见稿、标准发布公告、标准废止公告、标准复审结果等。

（二）公开的方式。

国家标准委及国务院相关部门分别在其官方网站公开已批准发布或联合发布的国家标准文本、题录信息和制修订信息，提供国家标准文本免费在线阅读。

四 组织实施

新批准发布的国家标准的文本应当在标准发布后 20 个工作日内公开，涉及采标的推荐性国家标准文本应在遵守国际（国外）标准化组织版权政策前提下进行公开。国家标准题录信息和制修订信息应当及时公开。

已发布的国家标准公开分为两个阶段实施。

第一阶段：2018 年底前，强制性国家标准实现免费向社会公开；非采标的推荐性国家标准实现免费向社会公开。

第二阶段：2020 年底前，在遵守国际（国外）标准化组织版权政策前提下，采标的推荐性国家标准实现免费向社会公开。

国家标准公开有利于促进企业研制和运用先进标准生产、提高产品和服务质量，有利于引导消费、维护消费者权益、强化社会监督。各有关部门应高度重视，明确责任分工，加强对标准公开工作的组织和领导，确保相关工作顺利开展。

国家标准委应当在标准公开的基础上推动全国标准信息网络平台建设，实现跨部门、跨行业、跨区域标准化信息交换与资源共享，提供标准信息的公益性服务。

国务院各部门、各省（区、市）人民政府可参照本方案，开展本部门、本地区的行业标准、地方标准公开工作。

田禾，中国社会科学院国家法治指数研究中心主任，法学研究所研究员、《法治蓝皮书》主编、法治指数创新工程首席研究员。研究方向：实证法学、司法制度。

吕艳滨，中国社会科学院国家法治指数研究中心副主任，法学研究所法治国情调查研究室主任、研究员、《法治蓝皮书》执行主编、法治指数创新工程执行研究员。研究方向：行政法、信息法、实证法学。